FORSCHUNGSBERICHTE DES LANDES NORDRHEIN-WESTFALEN

Nr. 2008

Herausgegeben im Auftrage des Ministerpräsidenten Heinz Kühn
von Staatssekretär Professor Dr. h. c. Dr. E. h. Leo Brandt

DK 551.24

Prof. Dr. Rudolf E. Adler

Geologisches Institut der Technischen Universität Clausthal,
Clausthal-Zellerfeld
Direktor: Prof. Dr. Andreas Pilger

Kleintektonische Beobachtungen aus dem Ruhrkarbon

Springer Fachmedien Wiesbaden GmbH 1969

Verlags-Nr. 012008

ISBN 978-3-663-20135-9 ISBN 978-3-663-20497-8 (eBook)
DOI 10.1007/978-3-663-20497-8

Ursprünglich erschienen bei Westdeutscher Verlag GmbH, Koln und Opladen 1969.

Vorwort

Die nachfolgend wiedergegebene Arbeit »Kleintektonische Beobachtungen aus dem Ruhrkarbon« wurde von R. E. ADLER im Rahmen des mit Mitteln des Landesamtes für Forschung des Landes Nordrhein-Westfalen geförderten Forschungsvorhabens »Der Einfluß des tektonischen Gefügeinventars auf Abbau und Gewinnung von Steinkohle« erstellt. Sie gibt eine Zusammenstellung der von R. E. ADLER in den vorangegangenen Jahren durchgeführten umfangreichen tektonischen Forschungsarbeiten aus den verschiedensten Bereichen des Ruhrkarbons. Dabei wurden erstmals Detailergebnisse aus veröffentlichten und unveröffentlichten Spezialuntersuchungen von R. E. ADLER zu Fragen der kleintektonischen Verformung der Kohle gemeinsam betrachtet und zusammenhängend ausgewertet. Das für die folgende Arbeit herangezogene tektonische Datenmaterial entstammt einerseits regionalen Bearbeitungen, die R. E. ADLER und A. PILGER im Rahmen der Forschung in der Montangeologischen Arbeitsgemeinschaft für die Westdeutschen Steinkohlengebiete durchgeführt haben. Anderseits werden in der nachfolgend wiedergegebenen Arbeit Methoden der elektronischen Bearbeitung und Darstellung tektonischer Meßdaten auf gefügekundlicher Grundlage nach W. SCHMIDT und B. SANDER verwertet, die von R. E. ADLER gemeinsam mit F. KRÜCKEBERG (Bonn) unter Mitarbeit von MANFRED SCHMIDT (Clausthal) im Rahmen eines von der Deutschen Forschungsgemeinschaft geförderten Forschungsvorhabens entwickelt wurden.
In vieler Hinsicht wurden auch Material und Aufnahmen von den Ruhrgebietszechen (Zechen Shamrock, Westerholt, Rheinpreußen, Heinrich Überruhr und Waltrop) verarbeitet.
Verwertet wurden auch Forschungsergebnisse von Dissertationen, welche die beiden Verfasser im Auftrage der Fakultät für Natur- und Geisteswissenschaften der Technischen Universität Clausthal betreut haben. Bei der turnusmäßigen Datenerhebung auf den Ruhrgebietszechen, vor allem auf Zeche Shamrock der Hibernia AG, wurde R. E. ADLER von studentischen Hilfskräften aus Clausthal unterstützt, wobei besonders MANFRED SCHMIDT erfolgreich tätig war.
Besonderer Dank für die Förderung dieser Arbeit gilt dem Landesamt für Forschung des Landes Nordrhein-Westfalen. Die von der Deutschen Forschungsgemeinschaft geförderte Entwicklung von Methoden der elektronischen Bearbeitung und Darstellung tektonischer Meßdaten wird an anderer Stelle eingehend erläutert. Doch sei hier bereits der Deutschen Forschungsgemeinschaft verbindlichst gedankt. Den Bergwerksgesellschaften der angeführten Zechen sei ebenfalls für mannigfache Unterstützung Dank gesagt. Und schließlich soll die fleißige Mitarbeit Clausthaler Studenten lobend hervorgehoben werden.
Seit dem Jahre 1950 werden im Ruhrgebiet, zuerst von Bonn und Clausthal aus, tektonische gefügekundliche Arbeiten im Sinne von W. SCHMIDT und B. SANDER durchgeführt, worüber erste Veröffentlichungen 1955 erschienen. Von den beiden Verfassern wurde seit dieser Zeit eine Reihe verschiedenartiger Probleme verfolgt, wobei die kleintektonischen Formen, besonders die Klüfte und Schlechten in der flachen, halbsteilen und steilen Lagerung betrachtet wurden. Vor allem kam es unter theoretisch-tektonischer Betrachtung darauf an, deren Beziehungen zum tektonischen Bau des Ruhrkarbons und zu einer übergeordneten Achse zu klären. Es ergab sich, auch aus Arbeiten von anderer Seite, u. a. der sogenannte einzeitige tektonische Bau des Ruhrkarbons,

wonach sich alle tektonischen Formen (außer geringfügigen aus saxonischer Zeit) auf einen gemeinsamen Bauplan ohne Überprägung durch eine jüngere tektonische Beanspruchung beziehen lassen. In einer zusammenfassenden Arbeit (Beziehungen der kleintektonischen zu den großtektonischen Formen im Ruhrkarbon, 1965) hat A. PILGER darüber berichtet. R. E. ADLER betrachtet nun daran anschließend vorwiegend an Hand seines eigenen, in der Hauptsache in den vergangenen zwölf Jahren im Ruhrkarbon gewonnenen kleintektonischen Datenmaterials eine Reihe von charakteristischen, kleintektonischen Deformationsbildern der Kohle aus verschiedenen, neu abgegrenzten und näher definierten Verformungsbereichen des Ruhrkarbons unter Berücksichtigung der jeweiligen verschiedenartigen Lagerungsverhältnisse. Außerdem weist er auf neue Wege hin, um sowohl die tektonische Geländeaufnahme im Sinne einer kartierenden Tektonik als auch die Bearbeitung und Darstellung des dabei – soweit möglich und sinnvoll – statistisch gewonnenen tektonischen und tektonisch-bedeutsamen Datenmaterials noch weiter zu vervollkommnen, um auf diese Weise die Aussagemöglichkeiten geologisch-tektonischer Bearbeitungen auf der Grundlage tektonischer Kartierungen zu erweitern und qualitative Aussagen in zunehmendem Maße durch quantitative Angaben zu ergänzen.
Die von der Clausthaler tektonischen Schule, im Ruhrgebiet unter Leitung von R. E. ADLER und A. PILGER, durchgeführten vor allem kleintektonischen und gefügekundlichen Arbeiten tektonisch-theoretischer Richtung brachten zusammen mit Untersuchungen von anderer Seite die Grundlage, auf der R. E. ADLER sich näher mit der für die Praxis des Ruhrbergbaues notwendigen tektonischen Forschung befaßte. Dies geschah vor allem im Rahmen des oben erwähnten Forschungsvorhabens, das z. Z. noch weiterläuft. Die hier vorgelegte Arbeit soll unter Zusammenfassung theoretisch-tektonischer Betrachtungen auch in dieser Hinsicht erste Hinweise erbringen.

R. E. ADLER und A. PILGER

Inhalt

Zusammenfassung

An Hand des während der letzten zwölf Jahre im Ruhrkarbon gewonnenen kleintektonischen Untersuchungsmaterials werden für verschiedene Lagerungsverhältnisse und Verformungsbereiche, ausgehend von deren charakteristischen Deformationsbildern, spezielle Formungserscheinungen besprochen, die nicht nur für eine weitere Grundlagenforschung, sondern auch für Fragen auf dem Gebiet der angewandten Tektonik von Bedeutung sein können. Dabei wird auf Grund der bei den bisherigen Untersuchungen gemachten Erfahrungen auf weitere Möglichkeiten hingewiesen, die gefügetektonische Geländeaufnahme im Sinne einer kartierenden Tektonik noch mehr zu vervollkommnen, um daraus neue Wege für eine statistische Aufbereitung und Darstellung des bei der statistischen Erhebung gewonnenen Urmaterials zu erschließen.

1. Einführende Gedanken

Mit Voranschreiten der Bestandsaufnahme des tektonischen Inventars in den klassischen deutschen Untersuchungsgebieten trat im Rahmen der tektonischen Grundlagenforschung immer mehr die Frage nach der Genese der tektonischen Trennflächen in den Vordergrund, eine Frage, der besonders H. Cloos und B. Sander richtungweisend nachgegangen sind. Aufbauend auf ihren grundlegenden Arbeiten (H. Cloos, 1936, und B. Sander, 1948) wurden in den Jahren zwischen 1948 und 1956 eine ganze Reihe von Beiträgen zum Problem der kleintektonischen Formung veröffentlicht (H. Bolsenkötter, F.-K. Brentrup, B. Engels, R. Hoeppener, A. Pilger, H.-W. Rischmüller u. a.), deren besonderer Wert darin lag, daß ihre Ergebnisse aus einer relativ großen Zahl von im Aufschluß nach statistischen Regeln gewonnenen und gefügestatistisch bearbeiteten Meßdaten abgeleitet wurden. Das in diesen Arbeiten vorgelegte Tatsachenmaterial bildete wiederum den Ausgangspunkt sowohl für zahlreiche weitere kleintektonische Untersuchungen, die ebenfalls von am natürlichen Objekt gemessenen statistischen Massen kleintektonischer Formelemente ausgingen (R. E. Adler, J. Baumann, M. Kirchmayer, H. F. Krausse, O. Kröger, A. Paffrath, A. Pilger, D. Rambow u. a.) als auch für Arbeiten, die Modellversuche und theoretische Überlegungen mathematischer oder mechanischer Natur zum Inhalt hatten (H. Breddin, R. Hoeppener, H. G. Wunderlich u. a.).
Bei allen gefügestatistischen Bearbeitungen wurde bevorzugt der Frage nach den lagemäßigen Beziehungen zwischen den einzelnen tektonischen Formelementen nachgegangen, so daß immer mehr Zusammenhänge zwischen kleintektonischen und großtektonischen Erscheinungsformen hergestellt werden konnten. Darüber hinaus wurde aber auch die Bildungszeit der einzelnen tektonischen Formelemente im Ablauf der tektonischen Formung diskutiert.
Für eine grundlegende Untersuchung des Problems der Flächenbildung und -ausgestaltung im Ablauf einer Deformation erwies sich gerade das Ruhrkarbon als besonders geeignet. Mit diesem Karbonbereich ist der geologischen Forschung durch die zahlreichen ausgezeichneten und räumlich angeordneten Aufschlüsse des Bergbaus ein Untersuchungsgebiet erschlossen, das sich durch seinen »einzeitigen« tektonischen Bau, der von zahlreichen Autoren immer wieder herausgestellt wurde (A. Pilger u. a.), besonders für Grundsatzuntersuchungen eignet. Hier kommt der tektonischen Untersuchung nicht nur entgegen, daß die tektonische Formung bei gleichbleibendem Kräfteansatz in einem Akt in trotz zahlreicher Übergänge noch deutlich erkennbaren Einzelphasen erfolgte, sondern daß durch die Übergangsformen des Ruhrkarbons vom alpinotypen Faltengebirge im Süden über ein zerblocktes Bruchfaltengebirge zu einem Schollengebirge im Norden (A. Pilger, 1965) auch alle Lagerungsformen von der flachen bis zur steilen Lagerung in vielerlei Faltenformen von der weitgespannten Kofferfalte bis zur engen Spitzfalte mit fast seiger stehenden Schenkeln der tektonischen Untersuchung zugänglich sind. Und weiterhin muß hervorgehoben werden, daß die Kohlenflöze des Ruhrkarbons für eine makroskopische gefügestatistische Bearbeitung ein weitgehend im Sinne der Untersuchung homogenes Material darstellen. Dadurch können mit den in den Kohleflözen durch eine »kartierende Tektonik« (R. E. Adler, 1965b) gewonnenen Meßdaten die unterschiedlichsten Vergleiche durchgeführt werden.
So lassen sich aus einem Vergleich der tektonischen Gegebenheiten von verschiedenen Aufschlüssen miteinander bei gleicher tektonischer Lage Variationen in der tek-

tonischen Formung ableiten, aus einem Vergleich von unterschiedlichen tektonischen Formungen innerhalb eines Aufschlusses oder entlang einer Aufschlußkette Abfolgen in der Ausprägung der tektonischen Deformation. Können auf diese Weise allgemeingültige, sich stets wiederholende Formenbilder und ihre Variationen ermittelt werden, ist es möglich, im Verlauf weiterer Untersuchungen sekundäre tektonische z. B. durch Störungen, oder atektonische, z. B. durch Materialunregelmäßigkeiten oder Abbaueinwirkung hervorgerufene Beeinflussungen der allgemeingültigen Grundformen zu erkennen und ihre Deformationserscheinungen aus der tektonischen Grundbetrachtung auszuhalten, um deren Gesetzmäßigkeiten dann gesondert zu betrachten.
Auf Grund einer derartigen Arbeitsweise wird es im Laufe der Zeit in immer weiterem Umfange möglich sein, die verschiedenartigsten Deformationserscheinungen zu erkennen, gegeneinander abzugrenzen und den entsprechenden Formungsvorgängen und Formungsfaktoren zuzuordnen, um so ein immer vollkommeneres Bild vom Ablauf der verschiedenen Deformationsvorgänge und der Entstehung der verschiedenartigsten Deformationserscheinungen zu gewinnen. Mit den in dieser Arbeit vorgelegten Ergebnissen, die aus dem während der letzten zwölf Jahre im Ruhrkarbon gewonnenen eigenen Untersuchungsmaterial abgeleitet wurden, mag wieder ein Schritt auf dem hier vorgezeichneten Weg getan sein.
Die vorliegenden Betrachtungen sollen an eine Arbeit von A. Pilger (1965) anschließen, welche dieser auf einer Vortragsveranstaltung der Montangeologischen Arbeitsgemeinschaft für die Westdeutschen Steinkohlengebiete am 18. Juni 1965 in Bochum referiert hat und welche die für die Kohle des Ruhrkarbons als weitgehend allgemeingültig anzusehenden tektonischen Deformationserscheinungen im Verlauf der jungvariszischen Schichtenauffaltung des Ruhrgebietes zusammenfassend behandelt, die sich aus den in den vergangenen Jahren in der Hauptsache von Bonn und Clausthal aus im Ruhrkarbon durchgeführten Forschungsarbeiten ableiten lassen.
Für die Förderung der Geländeaufnahmen bin ich der Montangeologischen Arbeitsgemeinschaft für die Westdeutschen Steinkohlengebiete, dem Landesamt für Forschung des Landes Nordrhein-Westfalen und der Hibernia AG zu großem Dank verpflichtet, für die Unterstützung bei den letzten modernen Auswertungsarbeiten der Deutschen Forschungsgemeinschaft. Meiner Frau sei für ihre Mithilfe bei den Auswertungs-, Schreib- und Zeichenarbeiten gedankt, Herrn Dipl-Geol. M. Schmidt für die Mithilfe bei den Aufnahmearbeiten auf der Schachtanlage Shamrock I/II. Herrn Dr. F. Krückeberg gebührt mein Dank für die Zurverfügungstellung der Programme seiner Publikation (G. Hertweck und F. Krückeberg) und die erfolgreiche Durchführung der Berechnungen auf der Rechenanlage IBM 7090 des Rheinisch-Westfälischen Institutes für Instrumentelle Mathematik in Bonn.
Das für die vorliegende Arbeit benötigte kleintektonische Datenmaterial wurde in drei verschiedenen Aufnahmebereichen erfaßt (Abb. 1*, Arbeitsgebiete 1, 2 und 3). Bei der Auswahl dieser Gebiete mußte naturgemäß den sich anbietenden Verhältnissen Rechnung getragen werden. Dennoch wurde, um weitgehend vergleichbare Verhältnisse zu haben, streng darauf geachtet, alle Aufnahmen nur in Kohlenflözen und zwar innerhalb der gleichen Schichtenfolge, nämlich innerhalb der Bochumer Schichten, und nach Möglichkeit entlang einiger zusammenhängender tektonischer Großeinheiten durchzuführen. Als für die geplanten Untersuchungen besonders geeignete tektonische Großelemente erwiesen sich das Gewölbe des Vestischen Hauptsattels und die dem Vestischen Hauptsattel im Norden vorgelagerte, weitgespannte Lippe-Mulde sowie die ebenfalls großflächig ausgebildete, südlich anschließende Emscher-Mulde.

* Die Abbildungen stehen im Anhang ab Seite 37.

Als erster Aufnahmebereich wurde ein Gebiet am linken Niederrhein ausgewählt, in welchem nur eine schwach angedeutete Schichtenverbiegung festzustellen ist (Abb. 1, Arbeitsgebiet 1). Diesem entstammen sowohl die Unterlagen von O. KRÖGER (1964), die im Bereich der Lippe-Mulde und des Dorstener Sattels gewonnen wurden und den Ausgangspunkt für die vorliegenden Betrachtungen bilden sollen, als auch eigene Meßwerte, die im Kern der Lippe-Mulde aufgenommen wurden und spezielle Verhältnisse in der flachen Lagerung charakterisieren sollen. Weitere Meßwerte aus der flachen Lagerung wurden rechtsrheinisch im Bereich der Emscher-Mulde und des Vestischen Hauptsattels zwischen dem Ewald- und dem Graf-Moltke-Wilhelmine-Victoria-Sprung aufgenommen (Abb. 1, Arbeitsgebiet 2). In dem für diese Aufnahmen ausgewählten zweiten Arbeitsgebiet stellt der Vestische Hauptsattel ein weitgespanntes, nur schwach in sich gewelltes Antiklinorium dar, das dann mit zunächst relativ steilen Flanken nach Norden und Süden zur Lippe- und Emscher-Mulde hin abfällt. Auf diesen Flanken wurden die Trennflächen aus der halbsteilen Lagerung erfaßt. Um auch Meßwerte aus der steilen Lagerung mit in die Betrachtungen einbeziehen zu können, mußte dieses Datenmaterial auf dem Südflügel des Gelsenkirchener Sattels südlich der in diesem Bereich einsetzenden Gelsenkirchener Überschiebung bzw. auf dem Nordflügel der Essener Mulde, etwa 175 m von ihrem Muldenkern entfernt, in den dort annähernd seiger stehenden Flözen zwischen dem Julia-Constantin-Sprung und dem Secundus-Sprung in einem dritten Arbeitsgebiet vermessen werden (Abb. 1, Arbeitsgebiet 3).

2. Bemerkungen zur tektonischen Formung bei flacher Lagerung

Um einige Vorstellungen über die Variationen in der Trennflächenbildung bei einsetzender Formung und über ihre Abwandlung durch sekundäre Beeinflussungen zu entwickeln, war es erforderlich, einen Untersuchungsbereich auszuwählen, dessen Schichten auch heute noch über eine größere Erstreckung hin weitgehend söhlig gelagert sind, im Streichen aber in ihren Übergängen von der söhligen (0°) über die flache (1°–25°) und halbsteile (26°–35°) bis zur steilen Lagerung (36°–89°) und von einer leichten Aufwölbung bis zu intensiverem Faltenbau verfolgt werden können. Nur durch entsprechende gefügestatistische Untersuchungen in weitgehend ungefalteten Gebieten lassen sich bei Aussagen über tektonische Formungsvorgänge im Anfangsstadium einer Deformation bei noch flacher Schichtenlagerung tatsächlich Fehler vermeiden, die bei Rückschlüssen aus Bearbeitungen von stärker deformierten Bereichen in bezug auf die Verhältnisse bei flacher Lagerung nicht immer mit Sicherheit ausgeschaltet werden können. Von Beobachtungen in der weitgehend flachen Lagerung ausgehend, bietet sich danach die Möglichkeit, Übergänge von einfachen zu fortgeschritteneren Verformungsstufen in Abhängigkeit von der Veränderung der Schichtenlagerung durch intensivere Beanspruchung festzustellen.

2.1 Beobachtungen am linken Niederrhein

Für eine Diskussion von Verformungserscheinungen aus der weitgehend flachen Lagerung können, wie bereits erwähnt, die Untersuchungen von O. KRÖGER (1964) einen guten Ausgangspunkt bilden, da die in seiner Arbeit geschilderten Deformationsverhältnisse für die über größere Erstreckung hin ungestörte flache Lagerung, wie Vergleichsuntersuchungen zeigen konnten, nicht nur für das gesamte ungestörte und flach lagernde Karbon des Niederrheingebietes, sondern auch für ungestörte, flach lagernde Teile des nördlichen Ruhrkarbons sowie anderer Karbongebiete kennzeichnend sind. Die Aussagen von F.-K. Brentrup (1959), welche die Deformationsverhältnisse flach lagernder Schichten in Faltenkernen aus stärker gefalteten Bereichen des südlichen Ruhrgebietes betreffen, sollen jedoch in gleicher Weise ihre Berücksichtigung finden.

Im Arbeitsgebiet am linken Niederrhein (Abb. 2) hat O. Kröger an vier Aufnahmepunkten in der ungestörten, weitgespannten flachen Lagerung des Dorstener Sattels und der Lippe-Mulde bei einem Schichteinfallen von weniger als 10° in einem Bereich, wo kaum bankschräge Trennflächen in der Kohle zu beobachten waren, 1374 bankrechte Trennflächen der Kohle vermessen und gemeinsam gefügestatistisch ausgewertet. Dabei konnte er, gestützt durch Vergleichsaufnahmen aus anderen Schachtanlagen am linken Niederrhein, zeigen (Tab. 1 und Abb. 2 und 3), daß tatsächlich die beiden Scharen bankrechter hk0-Flächen über weite Gebiete in flach lagernden Kohlenflözen die ersten Deformationserscheinungen darstellen und sich einer ersten Formungs-b-achse (b_1 = 78/8 SW) zuordnen lassen. Alle späteren Trennflächenbildungen müssen einer zweiten unterschiedlich orientierten Formungs-b-achse zugeordnet werden, die in ihrer Lage der Falten-b-achse (b_2 = 60/10 NE) entspricht. Damit wurden vereinzelte analoge Beobachtungen anderer Autoren aus Kohlenflözen des nördlichen Ruhrgebietes, des Aachener Reviers, des Limburger Gebietes und Ibbenbürens sowie aus Flözen des Saargebietes voll bestätigt.

In den gleichen ungestörten Aufnahmebereichen, die in der Kohle durch eine ausgeprägte hk0-Flächenbildung gekennzeichnet waren, konnte O. Kröger im Nebengestein als einzige primäre Trennflächenbildung, abgesehen von einigen wenigen, sporadisch auftretenden 0kl-Flächen, nur ac-Flächen feststellen, die der gleichen primären Formungs-b-achse wie die hk0-Flächen der Kohle zuzuordnen waren (vgl. Abb. 6). Damit konnte er nachweisen, daß bei gleicher primärer Beanspruchung unter gleicher Formänderungsgeschwindigkeit und bei gleichem allseitigem Druck Kohle und Nebengestein verschieden deformiert werden können. Unter den Formungsverhältnissen am linken Niederrhein reagierte dabei die Kohle auf eine erste Druckbeanspruchung als weniger sprödes Material als das sandige Nebengestein. Für dieses reichte die in diesem Bereich relativ geringe Formänderungsgeschwindigkeit bereits aus, um Trennbrüche auszubilden, während die Kohle als relativ »zäheres« Material durch Gleitbrüche deformiert wurde.

Betrachtet man nun die Beobachtungen von O. Kröger in Zusammenhang mit den Untersuchungsergebnissen von F.-K. Brentrup, der im südlichen Ruhrrevier ac-Flächen als erste Trennflächenbildungen in der Kohle feststellt, und vergleicht diese gegensätzlichen Ergebnisse sowohl mit verschiedenen gefügestatistischen Aufnahmen aus dem Vestischen Hauptsattel und der Emscher-Mulde aus dem nördlichen Ruhrgebiet (Abb. 11, 17, 18 und 19) als auch mit Aufnahmen aus der Essener Mulde aus dem südlichen Ruhrrevier (Abb. 24–27), so ergeben sich verschiedene Anhaltspunkte, die diese scheinbaren Gegensätze erklären können. Dabei ist von Bedeutung, daß alles Datenmaterial von O. Kröger, F.-K. Brentrup und R. E. Adler in den gleichen Flözfolgen der Bochumer Schichten (stm 2) bei ungestörter söhliger bis flacher Lagerung gewonnen wurde.

Verfolgt man die regionale Verteilung der einzelnen Beobachtungspunkte der genannten Autoren, so zeigt sich, daß die primären ac-Flächenbildungen in der Kohle nur im südlichen Ruhrgebiet zu beobachten sind, während die primären hk0-Flächenbildungen der Kohle für das nördliche Ruhrkarbon und das linke Niederrheingebiet charakteristisch zu sein scheinen. Damit können für die Deutung der aufgezeigten Phänomene zwei

Faktoren herangezogen werden, eine unterschiedliche Verformungsgeschwindigkeit und ein veränderter Auflagerungsdruck (vgl. L. MÜLLER, 1963). Da die Ruhrgebietsfaltung nach Norden hin allmählich abklingt, ist in der gleichen Richtung mit dem Nachlassen der Faltungsintensität auch auf eine Verringerung der Formänderungsgeschwindigkeit zu schließen. Außerdem war die Kohle bei den zur Deformationszeit im Ruhrkarbon herrschenden Verformungsbedingungen (vgl. R. TEICHMÜLLER, 1955) schon bei einer ersten Druckbeanspruchung als relativ spröde reagierendes Material, wenn auch von geringerer Sprödigkeit als die begleitenden Sandsteine, anzusprechen. So bewirkt eine für die Verformung des südlichen Ruhrkarbons zu fordernde relativ hohe Formänderungsgeschwindigkeit in diesem Bereich das Aufreißen von ac-Flächen. Obwohl die Scherfestigkeit der Kohle nicht sehr groß ist, ließ die relativ hohe Formänderungsgeschwindigkeit dem Material keine Zeit, plastisch-viskos zu reagieren. Diese Verhältnisse wurden noch durch einen relativ geringen Auflagerungsdruck begünstigt, da die Bochumer Schichten im Süden des Karbontroges kaum von einer größeren Sedimentfolge aus jüngeren Karbonschichten bedeckt gewesen sein dürften. Erst mit abnehmender Formungsintensität und damit auch Formänderungsgeschwindigkeit, die deutlich in der unterschiedlichen tektonischen Ausbildung der Essener Mulde und der Emscher-Mulde zum Ausdruck kommt, blieb der Kohle nördlich des Gelsenkirchener Hauptsattels während der ersten Druckbeanspruchung auf Grund ihrer relativ geringen Scherfestigkeit genügend Zeit, plastisch-viskos zu reagieren und an Stelle von ac-Trennbrüchen hk0-Gleitbrüche auszubilden. Dieser Vorgang wurde im nördlichen und nordwestlichen Karbontrog durch die große Mächtigkeit der aufgelagerten jüngeren karbonischen Sedimente noch unterstützt, da deren Auflagerungsdruck zur Erhöhung des allseitigen Druckes beitrug, der eine Scherflächenbildung begünstigt. Dennoch reichten beide Faktoren, eine relativ geringe Formänderungsgeschwindigkeit und ein relativ hoher Auflagerungsdruck, im Gebiet des linken Niederrheins noch nicht aus, um auch eine primäre Zerscherung der die Kohle begleitenden sandigen Schichten zu bewirken.

Eine wesentliche Beeinflussung der primären hk0-Flächenausbildung, die für die ungestörte, flache Lagerung der Kohle am linken Niederrhein als charakteristisch herausgestellt wurde (Abb. 3), läßt sich dann feststellen, wenn man das von O. KRÖGER aus dem gleichen Arbeitsgebiet zusammengestellte Gefügediagramm der 1216 bankrechten Schlechten betrachtet (Abb. 4), das in der gestörten, flachen Lagerung aufgenommen wurde (vgl. Abb. 2, Aufschluß 5–8). In diesem Diagramm lassen sich zwar, den aufgenommenen Elementen entsprechend, keine Störungen erkennen, und die Orientierung der Faltenachse ($b_2 = 60/10$ NE) ist ebenfalls noch nicht durch eine Zuordnung von Trennflächenmaxima zu belegen, dennoch macht sich aber ein Störungseinfluß mit intensiverer Formung bereits augenfällig bemerkbar. Dies geht deutlich aus der größeren Zahl der hk0-Flächenpolmaxima hervor, die bei flüchtiger Betrachtung leicht ein Gürtelgefüge um eine annähernd senkrecht stehende c-Achse (vgl. Abb. 8–10) vortäuschen können. Verstärkt wird dieser Eindruck noch durch das durch eine intensivere Formung bedingte Auftreten einer geringen Anzahl von ac-Flächen, die sich der ersten Formungsachse, $b_1 = 78/8$ SW bzw. $b_1' = 73/8$ SW zuordnen. Daß jedoch kein Gürtelgefüge vorliegen kann, beweist die scharfe Regelung der hk0-Flächenpolmaxima. Diese lassen sich jetzt nicht mehr der aus den Maxima der bankrechten Trennflächen in ungestörter Lagerung ermittelten Formungsachse b_1 von 78/8 SW (vgl. Abb. 3) mit Scherflächenwinkeln für das ursprüngliche Scherflächenpaar von 86° und für das nachgebildete zweite Scherflächenpaar von 40° nach »b_1« zuordnen, sondern nur noch einer Formungsachse b_1' von 73/8 SW. Dabei betragen die Scherflächenwinkel der beiden hk0-Gleitbruchscharen 90° und 52° nach »b_1'«. Dieses Bild weist nicht nur auf eine Rotation der Formungsachse b_1 nach b_1' hin, sondern auch auf ein relativ frühes Aufreißen von Störungen, welche die b_1-Achse mit ihrem zugehörigen ersten hk0-Scherflächenpaar verstellt haben. Durch die mit dem Aufreißen der Störungen veränderten Formungsbedingungen wurde auch das Kräfteverhältnis der formenden Kräfte geändert, so daß es dadurch zur Ausbildung der erwähnten ac-Flächen und eines zweiten hk0-Scherflächenpaares kam, das der rotierten b_1-Achse (b_1') zuzuordnen ist. Der bei diesem Scherflächenpaar relativ große Scherflächenwinkel von 128° nach »a_1'« in Richtung der Hauptdruckkomponente läßt vermuten, daß aufschiebende Bewegungen der Träger dieser Formung waren (vgl. Abb. 2). Die spätere leichte Faltung wurde durch diese Störungsbewegungen wahrscheinlich nicht mehr beeinflußt, da keine Hinweise auf eine Verstellung der Falten-b_2-achse ($b_2 = 60/10$ NE) gegeben sind. Möglicherweise dieser b_2-Achse als bc-Flächen zuzuordnende Trennflächenbildungen, die auf eine abschließende Dehnung nach a_2 hinweisen, würden im Gegenteil ihre unveränderte Wirksamkeit bis in ein weitgehend fortgeschrittenes Verformungsstadium nachweisen.

Betrachtet man nun die Anordnung der von O. Kröger im gleichen Aufnahmebereich (vgl. Abb. 2, Aufschluß 5, 7 und 9–12) erfaßten 520 bankschrägen Gleitbrüche der Kohle im Gefügediagramm, deren Auftreten fast immer mit demjenigen von Störungen gekoppelt ist (Abb. 5), wird ihr enger genetischer Zusammenhang mit der Störungstektonik offenbar. hk0-Flächen fehlen weitgehend. Dafür ordnen sich aber der Formungs-b_1-achse eine Reihe von h0l-Flächen zu, die eine frühe Aufschiebungstektonik bestätigen. Ebenso groß ist aber auch die Zahl der h0l-Flächen, die nach der Falten-b-achse (b_2) orientiert sind. Diese weisen einen Fortgang der Aufschiebungstektonik während der leichten Faltung des Gebietes nach. Nach b_2 orientierte 0kl-Flächenbildungen zeigen dann noch eine abschließende Zerscherung des Gebietes mit ausklingender Einengung an. Weitere Maxima von Trennflächenpolen (98/65 SW, 106/62 NE und 18/55 NW) sind weder der Formungs-b_1-achse noch der Falten-b_2-achse zuzuordnen. Dafür weisen sie durch ihre Raumlage deutlich ihre Zugehörigkeit zu den das Aufnahmegebiet durchsetzenden Blattverschiebungen nach. Damit scheint ihre Anordnung im Gefügediagramm aber auch einen Hinweis darauf zu geben, daß die großen, das Aufnahmegebiet durchsetzenden Blattverschiebungen einem übergeordneten Formungsplan mit einer eigenen Gefügeregelung zugehörig sein müssen, da sie ebenfalls weder zur herausgestellten frühen Formung nach »b_1« noch zur Faltung nach »b_2« in Beziehung zu setzen sind.

Betrachtet man abschließend noch ein von O. Kröger aus dem gleichen Aufnahmebereich (vgl. Abb. 2, Aufschluß 3–6, 10, 11 und 13) zusammengestelltes Gefügediagramm von 790 Kluftflächenpolen aus dem Nebengestein der Flöze (Abb. 6), so unterstreicht die Verteilung der Flächenpolmaxima der Klüfte noch einmal alles, was bisher über die tektonische Formung des ersten Arbeitsgebietes ausgeführt wurde. In diesem Gefügediagramm kommt das starke Maximum der ac-Flächenpole, begleitet von schwachen Punkthäufungen in 0kl-Lage mit Orientierung nach b_1, was als charakteristisch für die tektonische Formung des Nebengesteins bei ungestörter flacher Lagerung herausgestellt wurde, ebenso zur Ausprägung, wie die nach b_2 orientierten charakteristischen Punkthäufungen der bankschrägen Trennflächen und die Lage der Flächenpolmaxima, die sich nach den die einzelnen Aufnahmepunkte beeinflussenden Störungen ausrichten, die einem übergeordneten Formungsplan zugeordnet werden müssen. Allerdings spielen hier entsprechend den die Aufschlußpunkte der Klüfte (vgl. Abb. 2) beeinflussenden Störungen andere Flächenhäufungen (135/56 SW, 120/50 NE und 50/45 NW), die zum Teil auf auf- oder abschiebende Störungen zurückzuführen sind, die entscheidende Rolle.

Wurde in den bisher gemachten Ausführungen, die sich in der Hauptsache auf das von O. KRÖGER gewonnene Datenmaterial stützten, gezeigt, welche grundsätzlichen Variationen in der tektonischen Formung bei annähernd söhliger Lagerung auftreten können (hk0- oder ac-Flächenausbildung) und welche sekundären tektonischen Einflüsse das ursprüngliche Bild verändern können (zusätzliche Flächenbildung durch Störungen, Gefügeverstellungen durch Störungen sowie Gefügeüberprägungen), so soll die im folgenden besprochene Aufnahme von bankrechten und bankschrägen Trennflächen der Kohle aus einem gestörten Bereich im Osten des gleichen Aufnahmegebietes (Abb. 2, Aufschluß 14) einen Hinweis darauf geben, welchen Einfluß auch sedimentologische Besonderheiten auf die tektonische Formung ausüben können (Abb. 7).

Die der Untersuchung zugrunde liegenden Meßdaten von Schichtflächen und kleintektonischen Trennflächen der Kohle wurden in einem Streb von Flöz Anna gewonnen (Abb. 7), der in einem Abbaubereich lag, der durch zwei bedeutende Abschiebungen und eine größere Aufschiebung begrenzt und von mehreren kleineren, unterschiedlich streichenden Aufschiebungen durchsetzt wurde. Betriebstechnische Gründe, wie das Durchörtern einer Aufschiebung sowie die Beschränkung des Abbaues allein auf den hangenden Teil des Flözes, bedingten ein zweifaches Absetzen des Strebes, wodurch dieser in drei vorgegebene Aufnahmebereiche A, B und C gegliedert wurde. Wie die in Abb. 7 wiedergegebenen Flözprofile zeigen, sind diese drei Aufnahmebereiche durch eine von Süden nach Norden stark zunehmende Mächtigkeit von Bergemitteln ausgezeichnet, die sich im liegenden Teil des Flözes einschalten, so daß im Nordteil des Strebes (Aufnahmebereich C) nur noch die hangende Partie des Flözes abgebaut werden konnte. Ihr tektonischer Habitus, der über die gesamte Streblänge verfolgt wurde, bildet nun mit seiner Beeinflussung durch die zunehmenden Bergeeinschaltungen die Grundlage für die folgenden Ausführungen. Da das Flöz im Beobachtungsbereich mit weniger als 6° nach SE einfiel, übte eine tektonische Formung durch Faltungserscheinungen kaum einen Einfluß auf das Trennflächengefüge aus.

Um die Strebaufnahmen aus Flöz Anna an die Untersuchungen von O. KRÖGER (1964) anzuschließen, wurde die aus seinen Sammeldiagrammen ermittelte erste Formungsachse b_1 mit einer Orientierung von 78/8 SW mit ihrem Gefügeplan unverändert in die drei Abschnittsdiagramme der neuen Strebaufnahme übernommen. Die der Faltenachse entsprechende Formungs-b_2-achse wurde dagegen den jeweiligen Gegebenheiten entsprechend aus den Schichtflächendaten und der Verteilung der Kluftflächenpolmaxima der im Flöz gemessenen tektonischen Trennflächen für jeden Aufschlußbereich neu festgelegt.

Betrachtet man nun das aus den Trennflächenmessungen des ersten Strebabschnittes (Aufnahmebereich A) zusammengestellte Gefügediagramm (Abb. 8), so zeigt sich zunächst, daß der Formungs-b_1-achse wiederum das ihr zugehörende Scherflächenpaar mit einem Scherflächenwinkel von 86° nach »b_1« zuzuordnen ist. Außerdem können auch noch einige wenige 0kl-Flächen auf diese Achse bezogen werden. Daraus läßt sich erkennen, daß der betrachtete Bereich die gleiche primäre Formung wie das von O. KRÖGER (1964) untersuchte benachbarte Gebiet erfahren hat und daß die primäre Formungsachse auch noch für eine spätere Zerscherungsphase von Bedeutung war.

Bei der Festlegung der Faltungs-b_2-achse und des zu ihr gehörenden Gefügeplanes zeigt sich allerdings, bedingt durch die spezielle Formung dieses Gebietes, ein zum Teil von den Untersuchungsergebnissen von O. KRÖGER abweichendes Bild. Zwar besteht in der Orientierung der b_2'-Achse von Aufnahmebereich A mit 62/10 NE kaum ein Unterschied zu der aus den Untersuchungen von O. KRÖGER abzuleitenden b_2-Achsenlage von 60/10 NE, jedoch ist dieser ersten Teilbereichsachse eine grundsätzlich andere

Verteilung von Trennflächenmaxima beigeordnet. Überaus stark hervortretende hk0-Flächenmaxima in Zusammenhang mit einem ausgeprägten ac-Flächenmaximum weisen eine intensive Gefügeprägung mit Einengung in Richtung der a_2'-Achse unter gleichzeitiger Dehnung in »b_2'« nach. 0kl-Flächenbildungen fehlen dagegen vollständig. Demgegenüber weisen aber deutlich ausgebildete Maxima von bc-Flächen darauf hin, daß während eines späteren Formungsstadiums auch dehnende Bewegungen nach »a_2'« eine Rolle gespielt haben müssen. Die den Aufnahmebereich umgebenden jedoch auch hier nicht zu seinem Formungsplan gehörenden größeren Störungen werden durch Trennflächenmaxima repräsentiert (125/55 NE und 92/43 NE), die sich aus besonders großen antithetisch zu den dazugehörigen Störungen verlaufenden Trennflächenbildungen aufbauen. Dagegen macht sich die durchörterte Aufschiebung durch einige synthetisch verlaufende, geöffnete Trennflächen bemerkbar.

Neben all diesen Flächenbildungen, die auf eine normale Beanspruchung zurückzuführen sind, sind in diesem Gefügediagramm aber auch noch einige weitere Trennflächengruppen zu bemerken, die sich annähernd *kreisförmig* orientiert einer etwa seiger stehenden c-Achse zuzuordnen scheinen. Dabei ist einem Polpunktgefügediagramm zu entnehmen, daß gerade diese Trennflächengruppen aus größeren und zum Teil auch geöffneten Flächen aufgebaut sind. Dieses Bild einer zyklischen Anordnung von Trennflächenmaxima wird dadurch noch gestützt, daß die Maxima der annähernd seiger stehenden Trennflächen ebenfalls eine Längung in Kreisform zeigen. Durch diese Anordnung deuten alle Trennflächenbildungen auf ein Gefügebild hin, das sich zyklisch, um eine annähernd seiger stehende c-Achse gruppiert. Seine Entstehung kann nur auf eine spezielle Formung durch einen senkrechten Druck zurückgeführt werden, durch welchen die normale Gefügeregelung wenn auch nur andeutungsweise überprägt wurde.

Weitere Hinweise auf das aus dem südlichsten Aufnahmebereich A aus seinen ersten Andeutungen abgeleitete Gefügebild einer zyklischen Überprägung des Grundgefüges lassen sich aus der tektonischen Gefügeregelung des anschließenden Aufnahmebereiches B gewinnen (Abb. 9). Auch hier hat die primäre Formungsachse b_1 noch nichts von ihrer Bedeutung eingebüßt. Ihr ordnen sich hier jedoch als Zeichen einer wesentlich intensiveren Formung bereits zwei hk0-Scherflächenpaare mit Scherflächenwinkeln von wie bisher 86° und nun zusätzlich noch 50° nach »b_1« zu, wobei jeweils die nach NE einfallende Flächenschar jedes Flächenpaares stärker ausgeprägt ist. Außerdem lassen sich hier auch ac-Flächen deutlich erkennen, während die 0kl-Flächen wiederum genau wie im ersten Aufnahmebereich nur sporadisch vertreten sind. Aus dem Auftreten dieser ac-Flächen kann auf eine Zunahme der Verformungsintensität und damit auch der Formänderungsgeschwindigkeit zu einem schon recht frühen Stadium der Formung geschlossen werden.

Der b_2'-Achse der Hauptformung, deren Lage wiederum mit 62/10 NE anzugeben ist, ordnen sich auch hier wieder hk0-Flächenpolmaxima zu, die jedoch genau wie das Maximum der ac-Flächen gegenüber den Maxima des ersten Aufnahmebereiches stark zurücktreten. Während 0kl-Flächen auch hier wiederum fehlen, deuten bc-Flächen dagegen in gleicher Weise wie im ersten Aufnahmebereich eine Dehnung in Richtung der a_2'-Achse an, was der Formung durch eine zyklische Gefügeüberprägung entgegenkommt. Der Repelener Wechsel wird wiederum durch einige größere antithetische Flächenbildungen nachgewiesen, die aber in diesem Falle, der zyklischen Gefügeüberprägung entsprechend, abschiebenden Charakter zeigen. Die durchörterte Aufschiebung wird dagegen auch hier durch eine Schar von nun steil einfallenden synthetischen Flächen repräsentiert.

Wie aus einem Polpunktgefügediagramm deutlich hervorgeht, ist in diesem Aufnahmebereich der Charakter der zyklischen Gefügeüberprägung bereits wesentlich stärker ausgeprägt. Dies wird noch dadurch unterstrichen, daß die geöffneten Flächen weit gestreut im Kreis der seiger stehenden Flächen erscheinen und alle nachweisbaren Kleinstörungen, gleich in welcher Stellung sie zur Formungs-b-achse auftreten, ohne Ausnahme abschiebenden Charakter tragen. Wie stark das zyklische Gefüge in diesem Aufnahmebereich bereits betont ist, ergibt sich aus einer Auszählung der Felder gleicher Besetzungsdichte der tektonischen Trennflächen (Abb. 9). Während der Innenkreis der Trennflächenpole nun zwar deutlich aber doch immer noch bruchstückweise ausgebildet ist, erscheint der Außenkreis der Pole der annähernd seiger stehenden Trennflächen jetzt vollständig geschlossen. Setzt man die Beobachtungen über die Gefügeprägung zur Ausbildung der Bergeeinlagerungen des Flözes in Beziehung, so läßt sich erkennen, daß mit einer zunehmenden Mächtigkeit des Bergemittels auch eine immer stärkere Betonung der zyklischen Gefügeprägung verbunden ist.

Betrachtet man unter diesem Gesichtspunkt noch den dritten Aufnahmebereich C (Abb. 10), so unterscheidet sich seine Gefügeregelung nach der Formungsachse b_1 kaum von derjenigen des zweiten Aufnahmebereiches B. Nur ist hier das Maximum der ac-Flächen noch wesentlich stärker besetzt als im zweiten Aufnahmebereich, was auf eine weitere Zunahme der Formungsintensität schließen läßt. Auch hier ist wiederum eine Richtung der hk0-Flächenscharen stärker betont, wobei im Mittel die 120/85 NE orientierten Flächen, die als erste Bildungen der b_1-Achse zuzuordnen sind, sogar 19% aller Flächenbildungen überhaupt ausmachen. 0kl-Flächen fehlen dagegen vollständig.

Der auch in diesem dritten Aufnahmebereich mit 62/10 NE verlaufende Formungs-b_2'-achse ordnen sich nun wieder stark betonte hk0-Flächenscharen zu, während ac-Flächen jetzt vollständig fehlen. Das gleiche gilt auch wiederum für die 0kl-Flächen. Auch bc-Flächen lassen sich nicht als ausgeprägtes Maximum nachweisen, und die großen Störungen lassen keine ihnen zugehörige Gefügeprägung durch eigenständige Maxima mehr erkennen, wenn man von zwei abschiebenden Kleinstörungen und einigen wenigen bedeutenderen Trennflächen um 120/60 NE absieht, die als antithetische Bildungen zu der den Abbaubereich im NE begrenzenden Abschiebung (mit $V = 8$ m) aufzufassen sind.

Demgegenüber kommt aber in den Gefügediagrammen des dritten Aufnahmebereiches C die zyklische Gefügeregelung noch stärker zum Ausdruck als in den vorher behandelten Aufnahmebereichen A und B. Wenn auch die Besetzung des Innenkreises der Trennflächenpole nur sporadisch ist, so ist doch dafür der Außenkreis der annähernd seiger stehenden Trennflächenpole um so schärfer ausgeprägt (Abb. 10). In ihm erscheinen über den gesamten Kreisumfang verteilt die Pole geöffneter Trennflächen in größerer Zahl. Diese künden in gleicher Weise wie die steil stehenden Störungen mit abschiebender Tendenz von einer zyklischen Formung mit vertikaler Pressung in Richtung einer annähernd senkrecht auf der Schichtung stehenden c-Achse, die eine Auflockerung des Gebirges zur Folge hat. Durch diese vertikale Pressung wird die normale einengende Beanspruchung in Richtung einer horizontal liegenden a-Achse so stark überprägt, daß ihre Deformationserscheinungen weitgehend unterdrückt werden. Betrachtet man die Zunahme der Überprägungserscheinungen in Zusammenhang mit der stark zunehmenden Mächtigkeit der sich im liegenden Teil des Flözes einschaltenden Bergeeinlagerungen, so liegt, da jede weitere sekundäre formgebende Beeinflussung des Untersuchungsbereiches ausgeschaltet werden muß, der Schluß nahe, daß die beschriebenen, zyklisch angeordneten Deformationserscheinungen, die das normale Gefügebild überprägen und zum Teil sogar in einem zentralen Bereich unterdrücken, nur auf die während der Formung wirkende und senkrecht zur Schichtung orientierte Pressung der inselartig eingelagerten mächtigen Bergemittel zurückgeführt werden können. Die tektonische Wirksamkeit dieser Bergemittel beruht in erster Linie auf ihrer Mächtigkeit zur

Zeit der tektonischen Formung. Diese wird dadurch noch besonders erhöht, daß Kohle und Nebengestein während der Diagenese eine stark unterschiedliche Setzung (85% und 25%) erfahren haben.

2.2 Beobachtungen im rechtsrheinischen Gebiet

Da sich alle bisher gemachten Aussagen nur auf die tektonischen Verhältnisse der weitgespannten flachen Lagerung beziehen, war es erforderlich, auch Material aus dem gefalteten rechtsrheinischen Ruhrkarbon zu untersuchen, um festzustellen, inwieweit die aus der weitgespannten flachen Lagerung abgeleiteten Gesetzmäßigkeiten in bezug auf die kleintektonische Gefügeprägung auch in gefalteten Bereichen noch Gültigkeit besitzen. Die für diese Untersuchungen benötigten Trennflächenaufnahmen wurden im zweiten Arbeitsgebiet (Abb. 1) im Bereich des Vestischen Hauptsattels westlich des Ewald-Sprunges, und zwar im Kernbereich des Hauptsattels, im Kern von Spezialfalten und auf den Flanken des Hauptsattels sowohl in ungestörter Lagerung als auch im Einflußbereich größerer Störungen durchgeführt. Aus der Fülle der aus diesem Aufnahmegebiet vorliegenden Trennflächenaufnahmen aus den Kohleflözen der Bochumer Schichten (Abb. 12) soll jedoch nur eine repräsentative Auswahl zur Behandlung der angeschnittenen Fragen herangezogen werden.
Über die kleintektonische Formung, welche die flache Lagerung im relativ großräumig ausgebildeten Kernbereich des Vestischen Hauptsattels erfahren hat, der ja genau wie das Gebiet am linken Niederrhein zum Nordteil des Karbongebietes gehört und damit auch zu diesem Gebiet analoge Formungserscheinungen erwarten läßt, vermag am besten eine Trennflächenaufnahme aus dem Zentrum der Sattelaufwölbung (Abb. 12, Aufnahmepunkt 25) Auskunft zu geben. Bei dieser Aufnahme, die beim Abteufen eines Blindschachtes durchgeführt wurde, so daß jede sekundäre Beeinflussung der Meßdaten durch Abbaueinwirkung oder Entspannungserscheinungen an länger offenstehenden Hohlräumen ausgeschaltet war, wurde das ungestörte kleintektonische Inventar der Flöze Wasserfall und Sonnenschein erfaßt (Abb. 11).
Wie das Gefügebild dieser Trennflächenaufnahme deutlich zeigt, ist auch in diesem Formungsbereich wieder eine Gefügeregelung nach einer ersten Formungsachse b mit den Daten 55/0 und einer zweiten Formungsachse b′ mit den Daten 41/12 NE zu bemerken. Während die erste Formungs-b-achse im Generalstreichen des Vestischen Hauptsattels verläuft, resultiert die zweite Formungs-b′-achse aus der speziellen Formung des untersuchten Aufschlußbereiches.
Wie auf Grund der tektonischen Lage des Aufschlusses im Nordteil des Karbongebietes zu erwarten war, ist auch hier die erste Formungsachse b in ihrer Lage durch zahlreiche hk0-Gleitbrüche bestimmt, die sich jedoch entsprechend der intensiveren Faltungsbeanspruchung auf zwei Scherflächenpaare mit Scherflächenwinkeln von 90° und 130° nach »b« verteilen. Damit werden die Feststellungen aus dem Niederrheingebiet bestätigt, daß bei einer intensiveren Verformung in flach liegenden Schichten, gleich ob es sich dabei um eine ausgesprochen söhlige Lagerung handelt oder nur um die flache Lagerung innerhalb eines Faltenkernes, im Verlauf der Formung ein zweites hk0-Scherflächenpaar ausgebildet wird, das der ersten Formungsachse zugeordnet und durch einen besonders extremen Scherflächenwinkel ausgezeichnet ist. Neben diesen Trennflächenbildungen ist auch noch ein schwaches Maximum von ac-Flächen zu beobachten, dessen Auftreten in gleicher Weise wie am linken Niederrhein als Anzeichen einer intensiveren Formung gewertet werden muß.
Der zweiten Formungsachse b′, auf welche auch alle Schichtverbiegungen in diesem Gebiet zu beziehen sind, lassen sich auch hier wieder, wohl durch die stärkere Bean-

spruchung hervorgerufen, die zur Auffaltung des Vestischen Hauptsattels führte, deutliche Maxima von hk0-Flächen mit einem Scherflächenwinkel von 100° nach »b'« zuordnen, die auf eine ausgesprochene Zerscherung des Sattelkernes hinweisen, dessen Lage ja während der gesamten Faltung unverändert konstant blieb (vgl. H. Breddin, 1963), die bei einengendem Druck in »a'« eine Dehnung nach »b'« zur Folge hatte. Abgesehen von einem ebenfalls stark ausgeprägten Maximum von bc-Flächen, dessen Ausbildung auf eine während eines späteren Verformungsstadiums erfolgte Dehnung in Richtung der a'-Achse zurückzuführen ist, sind in dem für diesen Formungsbereich als repräsentativ herausgestellten Gefügediagramm keine weiteren Trennflächenbildungen mehr zu beobachten.

So läßt sich zusammenfassend feststellen, daß für die flache Lagerung in den Kernbereichen weitgespannter Falten des nördlichen Ruhrkarbons eine anhaltende Zerscherung durch hk0-Flächen kennzeichnend ist. Diese beantwortet die einengenden Bewegungen in Richtung der a-Achse bzw. a'-Achse mit einer Auslängung in Richtung der Deformationsachse b bzw. b'. Erst in einem späteren Verformungsstadium werden diese Vorgänge durch dehnende Bewegungen in Richtung der a'-Achse abgelöst, die sich durch das Aufreißen von bc-Flächen kenntlich machen. Diese Schlußfolgerung liegt nahe, da bei flacher Lagerung einengende Bewegungen nach »a« und Bruchbildungen normal zu dieser Richtung einander ausschalten.

Um nun aber auch den Einfluß zu studieren, den größere Störungen auf die Gefügeprägung der in weitgespannten Sattelkernen flach lagernden Schichten ausüben, wurde zunächst ein Gefügebild aus Flöz Wasserfall (vgl. Abb. 12, Aufnahmepunkt 18) untersucht, das etwa 500 m südlich des Bertlicher Blattes aufgeschlossen war.

Aus dem Gefügediagramm dieser Strebaufnahme (Abb. 13) lassen sich ebenfalls wieder zwei Formungsachsen »b« und »b'« bestimmen. Von diesen beiden Achsen spiegelt wiederum »b« als die primäre Bildung mit den Daten 51/0 das Generalstreichen des Vestischen Hauptsattels wider. Wie für eine ungestörte flache Schichtenlagerung charakteristisch, ist ihr in diesem Fall wieder nur ein einziges Scherflächenpaar mit einem Scherflächenwinkel von 120° nach »b« zugeordnet. Der Grund hierfür mag darin zu suchen sein, daß durch die mit dem Aufreißen der Schrägaufschiebung des »Bertlicher Blattes« gegebene intensive Formung in diesem Bereich verbunden mit einer relativ großen Formänderungsgeschwindigkeit eine weitere hk0-Scherflächenbildung zugunsten der Ausbildung eines starken ac-Flächenmaximums unterdrückt wurde. Die erstmals zu beobachtende Ausbildung von bc-Flächen, die der primären Formungsachse b zuzuordnen sind, mag darauf hindeuten, daß diese Formungsachse noch einmal während eines späteren Verformungsstadiums für dehnende Ausgleichsbewegungen nach »a« von Bedeutung war.

Die Ausprägung der zweiten Formungs-b'-achse mit dem dazugehörigen Gefügeplan weist durch ihre Orientierung (63/0) in Richtung des »Bertlicher Blattes« sowie in Richtung der dem »Blatt« nördlich vorgelagerten Spezialmulde auf eine enge tektonische Beziehung zu den genannten tektonischen Großeinheiten hin. Daraus läßt sich ableiten, daß das Bertlicher Blatt durch die zu beobachtende Gefügeprägung bereits in einer Entfernung von über 500 m einen spürbaren tektonischen Einfluß auf die normale Gefügeregelung ausübt. Während jedoch im Bereich der Störung selbst die schrägaufschiebenden Formungsvorgänge das Gefüge prägen, lassen sich in dieser Entfernung Dehnungserscheinungen der Schichten in Richtung der Deformationsachse b' nachweisen, die ihren Ausdruck nicht in der Bildung von hk0-Flächen finden, wie es für ungestörte Formungsbereiche mit flacher Lagerung charakteristisch ist, sondern in der Bildung von ac-Flächen und zweischarigen 0kl-Flächen mit einem Scherflächenwinkel von 102° nach »b'«. Gleichfalls ausgebildete bc-Flächen zeugen auch hier wieder von einer

späteren Formung mit Dehnungserscheinungen in Richtung der a'-Achse, die zu einem noch späteren Zeitpunkt, wie oben ausgeführt, noch einmal durch Dehnungserscheinungen in Richtung der primären a-Achse abgelöst werden.
Wie stark sich das aufgezeigte Bild mit weiterer Annäherung an das »Bertlicher Blatt« verändert, geht aus der Verteilung der tektonischen Trennflächen in etwa 250 m Entfernung von dieser Störung hervor. Hier wurde ebenfalls eine tektonische Aufnahme in Flöz Wasserfall durchgeführt (vgl. Abb. 12, Aufnahmepunkt 19a und b). In dem aus dieser Aufnahme entwickelten Gefügediagramm (Abb. 14) läßt sich nur noch eine einzige Formungs-b-achse mit den Daten 59/0 nachweisen. Zu dieser Achse, die eine Mittelstellung einnimmt, ordnen sich zwei hk0-Scherflächenscharen zu, von denen die dem »Bertlicher Blatt« in seiner Umbiegungszone parallel verlaufende Flächenschar weitgehend das gesamte Gefügebild beherrscht, während sich die Gegenrichtung nur andeutungsweise bemerkbar macht.
Gegenüber der das Bertlicher Blatt repräsentierenden hk0-Flächenschar treten ac-Flächen und zweischarig ausgebildete 0kl-Flächen mit einem Scherflächenwinkel von 108° nach »b«, die in ihrer Anordnung und tektonischen Wirksamkeit den 0kl-Flächen in größerer Störungsentfernung entsprechen, weitgehend zurück. Genau wie diese zeugen sie ebenfalls von einer Längung des Vestischen Hauptsattels in Richtung seiner Deformationsachse b, die ja letztlich auch durch die seitenverschiebenden Bewegungen am Bertlicher Blatt (vgl. Abb. 12), wenn auch auf andere Weise, bewirkt wird. Ein schwach ausgeprägtes Maximum von bc-Flächen deutet auch hier wieder auf eine spätere Dehnung in Richtung der a-Achse hin.
Um den Einfluß noch weiter zu verfolgen, den große Störungen auf die Gefügeregelung flach lagernder Schichten in den Kernbereichen weitgespannter Falten ausüben, soll noch einmal ein Gefügebild (Abb. 15) aus der flachen Lagerung im Kernbereich des Vestischen Hauptsattels betrachtet werden, das für den NE-Rand des Sattelkernes charakteristisch ist und das sowohl durch die Schrägaufschiebung des »Bertlicher Blattes« als auch durch die Abschiebung des Ewald-Sprunges beeinflußt wird. Der Aufnahmepunkt dieser Gefügeaufnahme kleintektonischer Trennflächen liegt im Flöz Sonnenschein und ist nur etwa 100 m vom »Bertlicher Blatt« und 150 m vom Ewald-Sprung entfernt (vgl. Abb. 12, Aufnahmepunkt 17a und b). In dieser Aufnahme kommt besonders deutlich zum Ausdruck, wie stark sich tektonische Gefügeüberprägungen in einem gestörten Bereich bemerkbar machen können.
In diesem Aufnahmebereich unterscheiden sich die Formungs-b-achse (68/0) und Formungs-b'-achse (61/0) in ihrer Lage nur wenig voneinander. Dennoch lassen sich beiden Achsenlagen unterschiedliche Trennflächenbildungen zuordnen. Die primäre Formungs-b-achse ist wiederum von zwei hk0-Flächenscharen begleitet, die relativ schwach besetzte Maxima zeigen und einen Scherflächenwinkel von 80° nach »b« einschließen. Dafür bilden jedoch die ac-Flächen ein hervorstechendes Maximum aus, das ein Zeugnis von der intensiven Formung und großen Formänderungsgeschwindigkeit ablegt, die das Gefügebild dieses Bereiches geprägt haben. Während 0kl-Flächen, wie zu erwarten, kaum anzutreffen sind, fällt wiederum ein Maximum von bc-Flächen ins Auge, das auf späte nach »b« orientierte Dehnungserscheinungen in Richtung der a-Achse hinweist und damit wiederum die noch zu einem späten Verformungsstadium bestehende Bedeutung der primären Formungs-b-achse herausstellt.
Die dieser Formungsachse ebenfalls zuzuordnenden h0l-Flächen müssen dagegen als frühe antithetische Äquivalente zum »Bertlicher Blatt« angesehen werden, da dieses in dem hier untersuchten Formungsbereich (vgl. Abb. 12) eine reine Schrägaufschiebung darstellt.
Der Formungs-b'-achse sind an Stelle von hk0-Flächen neben den ac-Flächen ebenfalls

mehrere Scharen von weitgestreuten h0l-Flächen zuzuordnen, die gleichfalls als syn- und antithetische Äquivalente des Bertlicher Blattes angesehen werden müssen und die mit zum Ausgleich der starken einengenden Beanspruchung beigetragen haben. Gleichzeitig weisen bestimmte h0l-Flächenscharen aber auch auf die dem Aufnahmebereich unmittelbar vorgelagerte Mulde hin, in der das »Blatt« ansetzt, und deren Schichtverlauf sich in dem verschieden steilen NW-Einfallen dieser h0l-Flächen ausdrückt. Zweischarige 0kl-Flächen mit einem Scherflächenwinkel von 90° unterstreichen hier wie auch in den vorher behandelten Aufnahmebereichen eine Längung des Sattelgewölbes nach »b'«, zu welcher auch der Ewald-Sprung beiträgt. Nach »b'« orientierte bc-Flächen fehlen jedoch vollständig.

Daß Ewald-Sprung und schrägaufschiebendes »Bertlicher Blatt« weder in den Formungsplan nach b noch in den Formungsplan nach b' einzuordnen sind, zeigen deutlich die beiden Maxima von 120/38 NE und 110/65 SW, die den Verlauf dieser beiden großen Störungen wiedergeben und damit die Eigenständigkeit dieser Störungen beweisen, die eng mit der Formung verknüpft sind, die zur Bildung des Westerholter Blockes geführt hat (vgl. R.E. Adler, 1961).

In den eng begrenzten Kernbereichen mit flacher Lagerung von ungestörten Spezialsätteln konnte dagegen ein anderes tektonisches Bild beobachtet werden, als es bisher für die weitgespannte flache Lagerung abgeleitet werden konnte. Dies zeigt deutlich eine Trennflächenaufnahme aus dem Kern des Scholvener Sattels, der eine Spezialeinheit des Vestischen Hauptsattels darstellt (vgl. Abb. 12, Aufnahmepunkt 41 c). Wie schon aus einem Gefügediagramm der Trennflächenpole zu entnehmen ist, spielen in diesem Spezialsattel, dessen Flanken halbsteil bis steil einfallen, zyklische Gefügeprägungen wieder eine größere Rolle. Außerdem läßt sich auch nur eine einzige Formungs-b-achse beobachten, auf welche alle Trennflächenbildungen zu beziehen sind.

Dieser Formungs-b-achse mit den Daten 47/4 SW (Abb. 16) ordnen sich auch hier wieder, wie eigentlich zu fordern, auf Grund der intensiveren Formung mehrere hk0-Flächenscharen zu, die gemeinsam mit den zahlreich ausgebildeten ac-Flächen zum Ausgleich der Einengung durch die Faltung durch Längung der Falteneinheit in Richtung der Deformationsachse beitragen. Als Scherflächenwinkel für die einzelnen hk0-Flächenpaare ließen sich im vorliegenden Fall Winkel von 36°, 90° und 128° nach »b« ermitteln. h0l-Flächen, die vereinzelt auftreten und mit der Faltung in Zusammenhang gebracht werden müssen, zeigen Scherflächenwinkel von 32° und 60° nach »a«. 0kl-Flächen fehlen, da die zahlreichen hk0-Flächen allein zur Dehnung des Faltengebildes nach »b« ausreichen.

Wie alle bisherigen Ausführungen gezeigt haben, sind 0kl-Flächen in ungestörten Bereichen mit flacher Lagerung kaum zu beobachten. In gestörten Bereichen treten sie nur dann in größerer Zahl auf, wenn die hk0-Flächenbildung durch eine weitgehende ac-Flächenbildung bei größerer Formänderungsgeschwindigkeit abgelöst wird, so daß nicht genügend Scherflächen zur Verfügung stehen, um durch eine Zerscherung mit Dehnung nach »b« die einengende Formung nach »a« weitgehend auszugleichen. Als Nachweis eines genügenden Spannungsausgleiches könnte eine Bildung von bc-Flächen angesehen werden, die auch hier wiederum zahlreich vertreten sind, da durch deren Bildung als Entspannungsbrüche das Gestein in der flachen Lagerung auf das Abklingen des einengenden Formungsdruckes reagiert.

Als wesentlich neue Bildung läßt sich in diesem Kernbereich eines Spezialsattels allerdings die Andeutung eines h0l/hk0-Gürtelgefüges herausstellen, das nur durch eine Beanspruchung zu erklären ist, die im Endstadium der Formung, in welchem die Faltungsvorgänge bereits weitgehend abgeschlossen sind und das Gebirge als weitgehend konsolidiert anzusehen ist, noch einmal das Spezialsattelgefüge in seiner Ge-

samtheit deformiert hat, wobei die in »a« angreifenden Kräfte wesentlich größer als die etwa gleich großen nach »b« und »c« orientierten Kräfte gewesen sein müssen. Eine Ausprägung derartiger, nach »a« orientierter Gefügebilder im Frühstadium der Formung konnte an keiner Stelle beobachtet werden. Früh gebildete Gürtelgefüge wären in jedem Falle an ihrer durch nachfolgende Faltungsvorgänge hervorgerufenen Verstellung zu erkennen. Diese Verhältnisse werden durch Untersuchungen aus der steilen Lagerung voll bestätigt (vgl. Abb. 24), worauf in einem späteren Zusammenhang ausführlich eingegangen werden soll.
Zusammenfassend läßt sich feststellen, daß die eng begrenzten Kernbereiche von Spezialfalten zum Teil keine völlig eigenständigen Formungsbereiche mehr darstellen, selbst auch dann nicht, wenn sie ungestört sind, sondern daß das tektonische Gefügebild dieser Kernbereiche mehr oder weniger von den die gesamte Spezialfalte betreffenden Deformationserscheinungen beeinflußt wird. Analoge Erscheinungen konnten auch aus dem Kern des Auguste-Victoria-Sattels beobachtet werden (vgl. Abb. 12, Aufnahmepunkt 34 und A. PAFFRATH, 1961).

3. Bemerkungen zur tektonischen Formung bei halbsteiler Lagerung

Wie im Vorhergehenden gezeigt werden konnte, geben ganz bestimmte Gefügebilder einen Hinweis darauf, welche tektonische Formung flach lagernde Schichten erfahren haben. Gleichzeitig konnte aber bei der Bearbeitung des vorgelegten Materials auch nachgewiesen werden, daß ein Schichteinfallen bis zu 10° keinen Einfluß auf die tektonische Formung der ungestörten Schichten auszuüben braucht. Damit erhebt sich als nächstes die Frage, wann ein Schichteinfallen – bei welchem Einfallwinkel und unter welchem anderweitigen Einfluß – die tektonische Formung von durch Faltungserscheinungen verstellten Schichten beeinflußt. Um dieser Frage weiter nachzugehen, soll nun im folgenden speziell die tektonische Gefügeregelung von halbsteil bis steil einfallenden Schichten auf der SE-Flanke des Vestischen Hauptsattels bis in den Bereich der Emscher-Mulde hinein südwestlich des Ewald-Sprunges (vgl. Abb. 12) näher untersucht werden (vgl. Abb. 1, Arbeitsgebiet 2).
Betrachtet man in diesem Zusammenhang zunächst ein Gefügebild aus Flöz J_2 (Abb. 17), das relativ weit südlich des Kernbereiches des Vestischen Hauptsattels auf seiner über längere Erstreckung hin flach mit 15° bis 25° nach Südosten einfallenden Flanke schon weitgehend im Formungsbereich der Emscher-Mulde bei einer Schichtlage von 30/20 SE erfaßt wurde (vgl. Abb. 12, Aufnahmepunkt 1), so zeigt sich, daß die Gefügeregelung in diesem Aufnahmebereich vollständig derjenigen der ungestörten weitgespannten flachen Lagerung entspricht (vgl. Abb. 3). Einer Formungs-b-achse mit den Daten von 52/4 NE, die in der Schichtung liegt und mit ihren Gefügedaten in etwa dem Generalstreichen der Emscher-Mulde in diesem Gebiet folgt, sind auch bei diesen Lagerungsverhältnissen wiederum zwei überaus stark ausgeprägte hk0-Flächenscharen zugeordnet, die einen Scherflächenwinkel von 94° nach »b« einschließen. Abgesehen von einigen ganz wenigen ac-Flächen, bc-Flächen und 0kl-Flächen, bei denen nur eine Flächenrichtung ausgebildet ist, wird das tektonische Bild nur noch von einem Trennflächenmaximum mit den Daten 105/32 NE geprägt. Seine Trennflächen, die einem fremden Gefügeplan zugeordnet werden müssen, stellen parallele Bildungen zu einer

kleinen schrägen Seitenverschiebung dar, die nördlich des Aufnahmegebietes ansetzt, das Formungs-b-achsengefüge aber in keiner Weise beeinflußt.

Mit diesem Gefügebild läßt sich klar nachweisen, daß auch mit 20° einfallende Schichten noch die gleiche Gefügeregelung zeigen können wie söhlig lagernde Schichten, sofern die flache Lagerung für ein größeres Gebiet gleichbleibend charakteristisch ist (vgl. Abb. 3). Da sich bei diesen Lagerungsverhältnissen die Formungsachsen allerdings als der Schichtung einbeschrieben erweisen, muß offen bleiben, ob alle Trennflächen schon vor der Auffaltung der Schichten gebildet und dann mit diesen passiv verstellt wurden, oder ob Trennflächenbildungen auch noch während und nach der Auffaltung der Schichten erfolgt sind. Entscheidend bleibt jedoch für diese Lagerungsform, festzuhalten, daß die mehr oder weniger verstellte Schichtfläche und nicht die übergeordnete Falte das formende Element darstellt.

Zur Bestätigung dieser Aussage mag ein weiteres Gefügebild (Abb. 18) dienen, das in Flöz H_1 erfaßt wurde. Der untersuchte Aufnahmepunkt (vgl. Abb. 12, Aufnahmepunkt 11) liegt etwa 1000 m südwestlich des Ewald-Sprunges und ebenfalls 1000 m südöstlich der Aufschiebungszone des Westerholter Schachtwechsels in einem Bereich, in welchem die Schichten nunmehr, allerdings ebenfalls wieder über eine größere Erstreckung hin (vgl. Abb. 12), mit 40° bis 45° nach Südosten einfallen. Zwischen diesen Aufnahmepunkt und den Westerholter Schachtwechsel ist noch einmal eine ganz schwache, in dieser Zone nach SW auslaufende Spezialfaltung mit Sattel und Mulde eingeschaltet, die eine Beeinflussung des Aufnahmebereiches durch die Aufschiebungszone des Westerholter Schachtwechsels ausschaltet.

Daher kann mit Sicherheit darauf geschlossen werden, daß vom Gefügebild dieses Aufschlusses allein die Formung nachgezeichnet wird, die in dem betrachteten Gebiet zur Ausbildung einer kleinen Aufschiebung und zu einer Schichtaufrichtung von 40° geführt hat (ss = 68/40 SE). So sind der Formungs-b-achse (b = 70/0), die mit 70° Streichen der Streichrichtung der Emscher-Mulde in diesem Bereich folgt, auf Grund der in der Ausbildung der Aufschiebung zum Ausdruck kommenden relativ intensiven Formung nunmehr zwei Scherflächenpaare von hk0-Flächen zugeordnet, von denen jeweils eine Scherflächenschar stark betont erscheint. Die Scherflächenwinkel der hk0-Flächenpaare betragen 32° und 128° nach »b«. Alle weiteren Trennflächenbildungen fehlen dagegen vollständig. Lediglich eine kleine Flächenhäufung von 53/72 SE ist zu beobachten, die nicht diesem Gefügeplan angehört. Ihre Trennflächen stellen Parallelflächen zu der erwähnten kleinen Aufschiebung dar, die unmittelbar nördlich des Aufnahmebereiches verläuft und durch ihre Orientierung bereits einen Übergang zum Formungsbereich des Vestischen Hauptsattels ankündigt.

Aus der Untersuchung des Aufnahmebereiches in Flöz H_1 geht hervor, daß auch noch steil mit 40° einfallende Schichten bei über längere Erstreckung hin gleichbleibender Schichtlage in gleicher Weise tektonisch deformiert sein können, wie ungestörte, über größere Erstreckung hin söhlig lagernde Schichtfolgen, und daß auch bei steiler Schichtenlagerung die Schichten das primäre tektonische formende Element sind. Ein Wechsel in der Formungsintensität bzw. eine Zunahme der Beanspruchung bewirkt auch bei steiler Schichtenlagerung die Ausbildung mehrerer hk0-Flächenpaare (vgl. Abb. 4).

Daß die gleichen Verhältnisse auch noch bei einem Schichteinfallen von 45° gegeben sind (ss = 60/45 SE), vermag eine Trennflächenaufnahme aus Flöz Zollverein 2 zu verdeutlichen (Abb. 19), die 3,5 km südwestlich im Streichen des zuletzt beschriebenen Aufnahmepunktes durchgeführt wurde (vgl. Abb. 12, Aufnahmepunkt 6). Da westlich des Aufnahmepunktes von Flöz Zollverein eine Anzahl kleinerer Blattverschiebungen auslaufen, nordöstlich der Westerholter Schachtwechsel absetzt und südlich eine weitere

Aufschiebung zu Ende geht, läßt sich mit Gewißheit sagen, daß der ausgewählte Aufnahmebereich in einer Zone »tektonischer Ruhe« liegt.
Seine Formungs-b-achse streicht horizontal verlaufend mit 60° (b = 60/0) und ordnet sich der Schichtung ein. Im Streichen folgt sie der Emscher-Mulde. Die für den Aufnahmebereich abgeleitete »tektonische Ruhe« macht sich nun auch in der kleintektonischen Gefügeregelung bemerkbar, und zwar derart, daß trotz der steilen Schichtaufrichtung nur ein einziges hk0-Scherflächenpaar mit einem Scherflächenwinkel von 84° zu beobachten ist, das sich allerdings durch besonders große Flächenhäufungen kenntlich macht. Weitere, dem gleichen Gefügeplan zuzuordnende Trennflächenbildungen sind nicht zu beobachten.
Eine schwach ausgeprägte Flächenhäufung von 102/80 SW ist als Äquivalent der westlich auslaufenden Seitenverschiebungen anzusehen, und einige wenige 60° streichende und seiger stehende Trennflächen könnten als bc-Flächen angesprochen werden, die sich genau wie die vorhergenannten seitenverschiebenden hk0-Flächen der Formungs-b-achse der Faltung (b = 60/15 NE) zuordnen lassen. Daraus könnte dann in bezug auf die übergeordnete Falteneinheit auf eine scherende Deformation mit Längung in Richtung der Deformationsachse und auf eine spätere dehnende Verformung in Richtung der a-Achse geschlossen werden.
Während die drei zuletzt behandelten Aufnahmen nachweisen, daß bei halbsteiler bis steiler Lagerung über eine größere Erstreckung hin durchaus die gleiche Gefügeregelung auftreten kann wie in der ungestörten, flachen Lagerung, sollen die folgenden Aufnahmen einen Aufschluß darüber geben, welche Gefügeregelung auf den Flanken von Spezialfalten zu erwarten ist und welchen Einfluß Störungen auf eine Gefügeregelung in steil einfallenden Schichten ausüben können.
Als repräsentativ für die Gefügeregelung auf den Flanken von Spezialfalten kann eine Trennflächenaufnahme aus Flöz Gretchen angesehen werden (Abb. 20), die ausnahmsweise in einem Spezialsattel unmittelbar nordöstlich des Ewald-Sprunges durchgeführt wurde (vgl. Abb. 12, Aufnahmepunkt 30a und b). Das Gefügebild aus diesem Aufnahmebereich zeigt ebenfalls nur eine Formungs-b-achse, deren Lage mit 37/15 SW anzugeben ist. Sie entspricht in ihrer Orientierung der Faltenachse des Spezialsattels, und ihr sind sowohl das primäre Schichtflächengefüge als auch das Faltengefüge zuzuordnen.
Betrachtet man zunächst das Schichtflächengefüge (auf Abb. 20 dünn gezeichnet), das eine Schichtflächenorientierung von 54/30 SE anzeigt, so läßt sich feststellen, daß sich auch in dieses Gefüge wiederum zwei ungleichwertige Scharen von hk0-Flächen mit einem Scherflächenwinkel von 70° nach »b« einordnen. Neben diesen Scherflächen treten dann noch einige wenige bc-Flächen auf, deren Bildung bei dieser Schichtlage mit aller Wahrscheinlichkeit auf die Dehnung zurückzuführen ist, die die Schichten bei fortgeschrittener Aufrichtung in Richtung des größten Transportes erfahren haben.
Das Faltengefüge ist zunächst durch zwei Scharen von h0l-Flächen gekennzeichnet, die unter einem Scherflächenwinkel von 80° nach »a« zur Einengung des Faltenkörpers über die normale Faltung hinaus beitrugen. Daneben treten aber auch zwei hk0-Flächenscharen mit einem Scherflächenwinkel von 100° nach »b« auf, die die Zerscherung der Falte nach Beendigung des Faltungsvorganges mit Dehnung in Richtung der Deformationsachse bewirkten, um auf diese Weise einen Spannungsausgleich herbeizuführen. Eine größere Schar von ac-Flächen trug gleichfalls zur Entspannung des Gebirgskörpers bei. Ein Materialstau im Faltenkern führte im fortgeschrittenen Stadium der Formung weiter zur Ausbildung von 0kl-Flächen mit einem Scherflächenwinkel von 82° nach »b«, deren Scherbewegungen eine weitere Dehnung des Faltenkörpers

nach »b« zur Folge hatten. Ein Gürtelgefüge um die c-Achse, was in Andeutung zu erkennen ist, muß gleichfalls auf den Druck zurückgeführt werden, den ein Materialstau im Faltenkern bei weiterer einengender Pressung ausübt. Derartige Gürtelgefüge lassen sich besonders in Zonen mit Achsenverbiegungen beobachten (vgl. J. BAUMANN, 1961).

Von den großen Störungen (vgl. Abb. 12), die den Aufnahmebereich umgeben, machen sich weder Auf- noch Abschiebungen bemerkbar. Lediglich eine südlich des Aufnahmepunktes verlaufende kleine Blattverschiebung bedingt die Ausbildung einer Trennflächenschar mit den Gefügedaten von 95/80 SW.

Faßt man das Ergebnis dieser Gefügeaufnahme aus den aufgefalteten Schichten auf der Flanke eines Spezialsattels zusammen, so läßt sich feststellen, daß sich das Schichtflächengefüge nur durch seine bc-Flächenausbildung, die auf eine Dehnung des Faltenschenkels bei fortgeschrittener Aufrichtung zurückzuführen ist, von einem normalen Schichtflächengefüge bei flacher Lagerung unterscheidet. Das beherrschende Element stellt das Faltengefüge dar, in welchem h0l-Flächen die einengende Formung aufnehmen und einen Spannungsausgleich in der Vertikalen bewirken, während hk0- und ac-Flächen sowie auch 0kl-Flächen die entspannenden Dehnungsvorgänge in Richtung der Deformationsachse übernehmen. Die in der flachen Lagerung immer wieder zu beobachtenden geringfügigen Differenzen in der Orientierung einer primären und sekundären Formungs-b-achse sowie Schwankungen in der Orientierung der einzelnen Formungs-b-achsen, die aus geringfügigen Variationen innerhalb des Kräfteplans resultieren (vgl. Abb. 5, 6 und 11–15), lassen sich auch zum Teil in der steilen Lagerung noch erkennen. So deutet z. B. das absolute Maximum der ac-Flächen durch seine Seigerstellung darauf hin, daß während eines bestimmten Formungsstadiums die b-Achse horizontal orientiert war. Schwankungen im Achsenstreichen während der Formung zeichnen sich in einer entsprechenden Streckung der Trennflächenmaxima ab, während eine Streuung der β-Punkte der Schichtflächenkreise nur eine Spezialwellung der Schichtflächen zum Ausdruck bringt.

Eine Regelung auf Achsentripel wie sie H. F. KRAUSSE (vgl. H. F. KRAUSSE 1965a und b), in einem tektonisch besonders intensiv beanspruchten Bereich des Vestischen Hauptsattels, der noch von einem Lineament gekreuzt wird, beobachten konnte, stellt möglicherweise nur einen relativ selten ausgebildeten Spezialfall der Gefügeüberprägung dar, da sich in allen drei Arbeitsgebieten keine derartigen Gefügeregelungen feststellen ließen, obwohl allein über 100000 eigene Meßdaten aus den unterschiedlichsten Formungsbereichen für die vorliegende Arbeit ausgewertet wurden. So liegt der Schluß nahe, daß die beobachteten Achsentripel aus einer Überlagerung von Falten- und Lineamentgefüge im Bereich des Essen–Dorstener Lineamentes entstanden sind.

In welcher Weise Störungen einen gefügeprägenden Einfluß auf das normale Schichtflächen- und Faltengefüge ausüben können, soll am Beispiel zweier Trennflächenaufnahmen aus dem Hangenden des Westerholter Schachtwechsels erläutert werden. Die erste der beiden Trennflächenaufnahmen wurde in 250–500 m Entfernung von der Störung in Flöz Gretchen durchgeführt, das im Aufnahmebereich mit 60° streicht und mit 30° nach SE einfällt (vgl. Abb. 12, Aufnahmepunkt 14). Betrachtet man das aus den Meßdaten von Flöz Gretchen entwickelte Gefügediagramm (Abb. 21), so lassen sich manche Erscheinungen wiedererkennen, die auch für den Einflußbereich in größerer Entfernung vom Bertlicher Blatt als charakteristisch herausgestellt worden waren (vgl. Abb. 13).

Als abweichend, dafür aber als charakteristisch für eine halbsteile bis steile Schichtenlagerung muß jedoch zunächst die Tatsache angesehen werden, daß Schichtflächen- und Faltengefüge wiederum eine gemeinsame Formungs-b-achse besitzen, deren Gefüge-

daten mit 62/0 anzugeben sind. Mit dieser Orientierung folgt diese Achse dem Generalstreichen der Emscher-Mulde in diesem Gebiet, wie es auch durch andere b-Achsenorientierungen südlich des Vestischen Hauptsattels zum Ausdruck kam (vgl. die b-Achsenorientierungen an den Aufnahmepunkten 6 und 11, Abb. 19 und 18).
Betrachtet man in dem vorliegenden Gefügebild (Abb. 21) zunächst das Schichtflächengefüge, so ist dieses einmal durch ein hk0-Scherflächenpaar charakterisiert, dessen Scherflächenwinkel mit 66° nach »b« anzugeben ist und dessen 100/65 NE verlaufende Richtung besonders stark betont ist. Zum anderen lassen sich aber auch mehrere Scharen von 0kl-Flächen mit Scherflächenwinkeln von 70° und 110° nach »b« beobachten, die nun erstmals dem Schichtflächengefüge zugeordnet sind. Allerdings ist das spitzwinkligere Scherflächenpaar nur unvollständig ausgebildet. Dieses Auftreten von 0kl-Flächen im Schichtflächengefüge mag auf die Tatsache zurückzuführen sein, daß, wie schon früher erwähnt, 0kl-Flächen dort auftreten, wo nicht genügend hk0-Flächen vorhanden sind, um eine einengende Pressung in entsprechender Weise durch Scherbewegungen mit Dehnung in Richtung der Deformationsachse auszugleichen (vgl. Ausführungen zu Abb. 16). Auf das sporadische Auftreten von zu einem Primärgefüge gehörenden 0kl-Scherflächen wurde bereits wiederholt hingewiesen.
Dem Faltengefüge gehören zunächst zwei Scharen von h0l-Flächen mit einem Scherflächenwinkel von 90° an. Streuungen dieser Flächenmaxima entlang des ac-Flächenkreises sprechen für eine Bildung dieser Flächen während des Vorganges der Schichtauffaltung, durch welchen die Flächen zum Teil passiv verstellt wurden, sowie von einer wechselnden Einengungsintensität. Zwei mehr oder weniger vollständig ausgebildete Paare von hk0-Flächenscharen, deren Scherflächenwinkel 50° und 100° nach »b« betragen, legen für eine erhebliche Beanspruchung Zeugnis ab. ac-Flächenbildungen bestätigen diesen Eindruck. Eine starke Streuung aller dem Faltengefüge zugehörenden Trennflächen um ihre Maxima spricht außerdem für eine erhebliche Achsenunruhe während der tektonischen Formung. bc-Flächenbildungen sind wiederum wie auch im Aufschluß von Flöz Wasserfall in größerer Entfernung vom Bertlicher Blatt (vgl. Abb. 12, 13, 15 und 16, Aufnahmepunkte 17, 18 und 41 c) als Entspannungsrißbildungen zu deuten, die nach erfolgter Formung und mit Abbau der Pressungsbeanspruchung aufrissen.
Als nicht zum normalen Gefügebild dieses Aufschlusses gehörend muß noch ein Trennflächenmaximum von 105/80 SW erwähnt werden. Auch dieses deutet durch die weite Streuung seiner Trennflächen darauf hin, daß die Bildung der ihm zugehörigen Trennflächen während eines längeren Formungszeitraumes mit einer erheblichen Achsenunruhe erfolgte. Durch diese Trennflächenschar werden kleine und kleinste Seitenverschiebungen nachgezeichnet, die im näheren Aufnahmeraum zu beobachten waren.
Faßt man alle Beobachtungen aus dieser Strebaufnahme zusammen, so läßt sich erkennen, daß der Westerholter Schachtwechsel wie auch das Bertlicher Blatt (vgl. Abb. 13) schon in einer erheblichen Entfernung von der eigentlichen Störungszone, wo noch keine der Störungszone äquivalenten oder die Störungszone repräsentierenden Trennflächenbildungen festzustellen sind, durch ein besonders starkes Auftreten von 0kl-Flächen angezeigt werden, die eine starke Dehnung des Gefüges in Richtung der Deformationsachse als Ausgleich der überaus starken Einengungsvorgänge bewirken. Im Falle des Westerholter Schachtwechsels werden darüber hinaus auch noch die starken Unregelmäßigkeiten im Verlauf seiner Streichrichtung (vgl. Abb. 12) durch die sich abzeichnende starke Achsenunruhe der Formungs-b-achse und die damit verbundene starke gerichtete Streuung der zugehörigen Trennflächenmaxima in seinem südlichen hangenden Vorfeld wiedergegeben.
Betrachtet man anschließend noch die Gefügeregelung in einem Aufschluß unmittelbar

im Hangenden des Westerholter Schachtwechsels, so tritt in diesem Gefügebild (Abb. 22), das in Flöz Karl ermittelt wurde (vgl Abb. 12, Aufnahmepunkt 15a und b), die Störung deutlich hervor.

Die Orientierung der Formungs-b-achse (b = 62/0) hat sich mit Annäherung an die Störung nicht verändert. Die Schichten fallen dagegen mit Annäherung an das Kerngebiet des Vestischen Hauptsattels in unmittelbarer Störungsnähe steil mit 40° nach SE ein (ss = 60/40 SE).

Bei der Ausbildung des Schichtflächengefüges macht sich, wie auch in anderen Aufschlüssen beobachtet, die besonders intensive Pressung, die der Beobachtungsbereich erfahren hat (vgl. Abb. 18), zunächst durch das Aufreißen von zwei, wenn auch nicht ganz gleichmäßig ausgebildeten hk0-Scherflächenpaaren mit Scherflächenwinkeln von 50° und 90° nach »b« bemerkbar. Außerdem deutet sich auch wieder ein 0kl-Scherflächenpaar mit einem Scherflächenwinkel von 106° an.

Für das Faltengefüge sind dagegen zwei besonders stark ausgeprägte Scharen von h0l-Flächen charakteristisch, die mit ihrer orientierten Streuung als syn- und antithetische Scherflächen zum Westerholter Schachtwechsel aufzufassen sind, die schon in seinem Vorfeld zum störungsäquivalenten Spannungsausgleich beigetragen haben. Der starken Einengungsintensität entsprechend sind im Faltengefüge außerdem auch zwei mehr oder weniger deutlich ausgebildete hk0-Scherflächenpaare mit Scherflächenwinkeln von 40° und 94° nach »b« nachzuweisen. Besonders stark vertreten sind die ac-Flächen, die in einem zunächst relativ weiten Streubereich doch ein scharf umgrenztes Maximum ausbilden, was darauf schließen läßt, daß nach anfänglicher Achsenunruhe während der ersten Formungsvorgänge zur Zeit der Hauptdeformation die Lage der Formungs-b-achse konstant war. Daß auch danach keine weiteren Achsenverstellungen mehr eintraten, geht aus der deutlichen und räumlich eng begrenzten Ausbildung der 0kl-Flächenmaxima hervor, die einen Scherflächenwinkel von 108° nach »b« zeigen und auf Grund der zahlreich vorhandenen ac- und hk0-Flächen nur sehr schwach ausgebildet sind. Ein stark ausgeprägtes Maximum bilden dagegen wiederum die bc-Flächen. Sein äußerer Streubereich könnte anzeigen, daß die einengenden Deformationsvorgänge am Westerholter Schachtwechsel nicht stetig, sondern ruckweise abliefen, so daß Zeiten erheblicher Spannungen mit Entspannungszeiträumen abwechselten, wodurch es zu einer Materialermüdung kam, die während der Entspannungszeiträume in einer bc-Flächenbildung ihren Ausdruck fand. Da sich die bc-Flächen dem Falten- und nicht dem Schichtflächengefüge zuordnen, läßt sich die zerrende Beanspruchung während der Faltungsvorgänge in Richtung einer in der Schichtfläche liegenden a-Achse bei stärkerer Schichtaufrichtung nicht zur Erklärung dieser bc-Flächenbildungen heranziehen.

Über den Zeitpunkt der entscheidenden aufschiebenden Störungsbewegungen am Westerholter Schachtwechsel läßt sich unter Umständen aussagen, daß die Störungsbewegungen stattgefunden haben müssen, als die Faltungsvorgänge weitgehend abgeschlossen waren. Dies läßt sich daraus ableiten, daß die der Störung zuzuordnenden h0l-Flächenscharen scharf dem Faltengefüge eingeregelt sind, und keinerlei Streuung in Richtung des ac-Flächenkreises aufweisen, obwohl die weitaus überwiegende Zahl dieser h0l-Flächen aus Scherklüften besteht, die niemals als Scherflächen zu aktiven Trägern von Ausgleichsbewegungen ausgestaltet worden sind.

Faßt man die Ergebnisse, die sich aus den Untersuchungen im hangenden Bereich von Bertlicher Blatt und Westerholter Schachtwechsel ableiten lassen, zusammen und betrachtet in diesem Zusammenhang auch die anderen Beobachtungen über den Einfluß, den Störungen auf benachbarte Gefügebilder ausüben können (vgl. auch J. Baumann, 1961), so läßt sich feststellen, daß sich mit einer stufenweisen Annäherung an größere

Störungen zunächst im nördlichen Ruhrkarbon ganz bestimmte Gefügebilder ausprägen, die für den Abstand des Aufnahmepunktes von der jeweiligen Störung in Abhängigkeit von deren Störungsgröße charakteristisch sind. Auf die Ausbildung dieser Gefügebilder übt die Lagerungsform der deformierten Schichten keinen entscheidenden Einfluß aus. Aus diesem Grunde können diese Gefügebilder zumindest in den Kohlenflözen des nördlichen Ruhrkarbons in jedem Schichtflächen- oder Faltengefüge wiedererkannt werden.

4. Bemerkungen zur tektonischen Formung bei steiler Lagerung

Nachdem im Vorhergehenden die tektonische Formung in der flachen und halbsteilen Schichtenlagerung ausführlich diskutiert wurde, soll abschließend auch noch einmal kurz auf die Gefügebilder eingegangen werden, die als charakteristisch für die steile Lagerung angesehen werden können. Um einen Überblick über die tektonische Gefügeregelung zu erhalten, die in annähernd seiger stehenden Kohlenflözen anzutreffen ist, wurden im dritten Arbeitsgebiet (vgl. Abb. 1) auf dem Nordflügel der durch eine starke Deformation ausgezeichneten Essener Spitzmulde im Bereich der Schachtanlage Shamrock I/II eine Reihe von Strebaufnahmen tektonischer Trennflächen durchgeführt. Wie aus Abb. 1 zu ersehen ist, liegt der Aufnahmebereich, der für diese Untersuchungen zur Verfügung stand, zwischen dem Secundus- und dem Julia-Constantin-Sprung – 2000 m westlich des Secundus-Sprunges und 600 m östlich des Julia-Constantin-Sprunges – etwa 300 m südlich der im südlichsten Spezialsattel des Gelsenkirchener Hauptsattels ansetzenden Gelsenkirchener Überschiebung.
Die einzelnen Strebaufnahmen wurden unmittelbar südlich der Schächte Shamrock I/II und östlich einer kleineren Abschiebung während eines längeren Zeitraumes mit fortschreitendem Abbau in den Flözen Sonnenschein, Dickebank und Präsident durchgeführt. Außerdem wurden Einzelaufnahmen aus den Flözen Ernestine und Röttgersbank aus dem gleichen Gebiet als Vergleichsmaterial mit in die Untersuchungen einbezogen. Entscheidend für den Erfolg aller Untersuchungen war, daß trotz der im Bereich der Essener Mulde zahlreich ausgebildeten Störungen für die tektonischen Aufnahmen ein größeres ungestörtes Gebiet zur Verfügung stand, in welchem alle in die Untersuchung einbezogenen Flöze die gleichen Lagerungsverhältnisse aufwiesen und in welchem für alle Trennflächenaufnahmen vergleichbare Umweltsbeziehungen gegeben waren.
In diesem Untersuchungsbereich wurden neben den erwähnten Vergleichsaufnahmen aus Flöz Ernestine und Flöz Röttgersbank wie aus Abb. 23 hervorgeht, je zehn Strebaufnahmen in Flöz Sonnenschein (S 01-10), Dickebank (D 01-10) und Präsident (P 01-10) in einer Teufe zwischen —723 bis —804 m durchgeführt und später noch vier weitere Strebaufnahmen in Flöz Präsident (U 01-04) zwischen —803 und —883 m. Bei all diesen tektonischen Gefügeaufnahmen wurden neben mehr als 1200 Gefügedaten der Schichtung 18212 Gefügedaten kleintektonischer Trennflächen mit 29383 Flächengewichten und, soweit vorhanden, mit Störungsangaben und mit Angaben über den Öffnungsgrad der Flächen und über ihre Bestege erfaßt (vgl. R. E. Adler, 1965b). Alle diese Flächen wurden dann zunächst nach jeweils etwa 15 Aufnahmepunkten je Streb getrennt in Gefügediagrammen wiedergegeben. Außerdem wurden alle Trennflächendaten auch noch einmal nach Strebständen und Flözen zusammengefaßt in synoptischen Gefügediagrammen dargestellt und ausgedeutet.

Um eine Übersicht zu gewinnen, welcher Gesamtgefügeplan für den Untersuchungsbereich als charakteristisch anzusehen war, wurde nach entsprechenden Vorarbeiten, durch welche nachgewiesen werden konnte, daß das gesamte Untersuchungsgebiet als im Sinne der Untersuchung homogen anzusehen war, mit Hilfe der elektronischen Rechenanlage des Institutes für Instrumentelle Mathematik in Bonn und mit dankenswerter Unterstützung durch F. Krückeberg (vgl. G. Hertweck und F. Krückeberg, 1962, und R. E. Adler, 1965b) ein synoptisches Gefügediagramm entwickelt (Abb. 24), das die für das gesamte Arbeitsgebiet charakteristische Gefügeregelung wiedergibt. Bei der Bearbeitung dieses Gefügediagramms wurde auf Grund entsprechender Vorversuche eine nur 0,5% der Lagenkugeloberfläche umfassenden Zählkalotte benutzt und eine besonders gestufte Gewichtung der tektonischen Trennflächen berücksichtigt (vgl. R. E. Adler, 1965b).
Versucht man die Trennflächenverteilung auf diesem synoptischen Gefügediagramm (Abb. 24), das erstmals 18212 gewichtete Trennflächen zu einem gemeinsamen Gefügeplan vereinigt, genetisch zu deuten, so zeigt sich, daß auch in den annähernd seiger stehenden Kohlenflözen, deren mittlere Schichtlage mit 74/80 SE anzugeben ist, ein schichtflächenbezogenes Gefüge von einem Faltengefüge zu unterscheiden ist. Dabei ist auffallend, daß beide Gefüge keine gemeinsame Deformationsachse besitzen, sondern die Lage der Deformationsachse des Schichtflächengefüges (b′ = 74/0) um einen geringen Winkelbetrag von derjenigen des Faltengefüges (b = 69/4 SW) abweicht. Daß dies kein Zufall ist, geht deutlich aus der Orientierung der Schichtflächen (X) und der einzelnen Trennflächenmaxima hervor.
So ordnen sich der schichtflächenbezogenen Formungs-b′-achse, bedingt durch die intensive, einengende Formung, die der Untersuchungsbereich erfahren hat und die in der Seigerstellung der Schichten einen deutlichen Ausdruck gefunden hat, zunächst zwei Paare von h0l-Scherflächenscharen zu, die Scherflächenwinkel von 70° und 90° nach »a′« einschließen. Wenn auch auf die einzelnen h0l-Flächenmaxima nur relativ wenige Trennflächenbildungen entfallen, so kommen doch zumindest die Flächenscharen, welche durch den spitzen Scherflächenwinkel gekennzeichnet sind, recht deutlich zur Abbildung. Wie gelegentlich an diesen Flächen zu beobachtende Versetzungsbeträge beweisen, kam es an diesen Flächen sowohl zu aufschiebenden als auch zu abschiebenden Bewegungen (vgl. Abb. 29). Dabei muß in diesem Zusammenhang darauf hingewiesen werden, daß Aufschiebungen, die in einem frühen Verformungsstadium bei noch weitgehend flacher Schichtenlagerung an den h0l-Flächen stattfanden, durch passive Verstellung dieser h0l-Flächen bei der Faltung heute bei annähernd seigerer Schichtlage als Abschiebungen in Erscheinung treten. Durch die Aufrichtung der Schichten bei der Faltung kann eine gleichgerichtete Bewegung an einer derartigen h0l-Fläche im Frühstadium der Formung als einengende Aufschiebung und nach entsprechender Rotation der Fläche bei der Schichtaufrichtung als die Faltenflanke dehnende Abschiebung gewirkt haben. Auf eine die Faltenflanke dehnende Formung mit Hilfe von h0l-Flächen weist eine bevorzugte Öffnung gerade dieser Flächen hin. Darüber hinaus können h0l-Flächen gegen Ende der einengenden Formung des Gebirgskörpers bei weitgehender Schichtaufrichtung aber auch noch einmal gegensinnig wieder, wie mehrfach zu beobachten, als Aufschiebung zum Ausgleich des einengenden Faltungsdruckes in »a′« benutzt worden sein.
Neben h0l-Flächen gehören dem Schichtflächengefüge weiter einige wenige hk0-Flächen an, die einen Scherflächenwinkel von 90° erkennen lassen. Daß hk0-Flächen trotz der intensiven Formung, die das Gefüge erfahren hat, fast vollständig fehlen, kann in Übereinstimmung mit den Beobachtungen von F. K. Brentrup (1959) nur auf die für die Formung des südlichen Ruhrkarbons zu fordernde hohe Formungs-

intensität in Verbindung mit einer hohen Formänderungsgeschwindigkeit bei relativ geringem Auflagerungsdruck, der auch einen relativ geringen allseitigen Druck zur Folge hatte, zurückzuführen sein. Diese Aussage erhält ihre Bestätigung durch die bei einem Zurücktreten von hk0-Flächen zu fordernde besonders starke Ausprägung eines ac-Flächenmaximums. 0kl-Flächen dürften dagegen, wie das Gefügediagramm deutlich macht, dem Schichtflächengefüge kaum zuzuordnen sein. Und das gleiche gilt auch für bc-Flächen.

Das Faltengefüge zeigt nun ein völlig anderes Bild. Zunächst läßt sich ein h0l-Scherflächenpaar mit einem Scherflächenwinkel von 70° nach »a« feststellen, dessen nach Südosten einfallende Flächenschar, wie es auf den SE-Flanken von Falten immer wieder zu beobachten ist, bei weitem vorherrscht. An seinen h0l-Flächen haben vielfach aufschiebende Bewegungen stattgefunden. Die aufschiebenden Bewegungen weisen darauf hin, daß noch nach bereits weitgehend abgeschlossener Formung durch die Auffaltung der Schichten weitere einengende Formungen nach »a« gefügeprägend gewirkt haben müssen. Die abschiebenden Bewegungen deuten darauf hin, daß ein Teil der h0l-Flächen die tektonische Funktion der bc-Flächen übernommen hat.

hk0-Flächen, an denen sich, wenn überhaupt, fast ausschließlich nur seitenverschiebende Bewegungen beobachten lassen (vgl. Abb. 29), treten auch im Faltengefüge weitgehend zurück. Dennoch läßt sich aber aus ihrer Anordnung ein Scherflächenwinkel von 110° nach »b« ermitteln. Ihre tektonische Funktion wird dagegen, wie für Bereiche mit großer Formungsintensität charakteristisch, sowohl von den dem Faltengefüge zuzuordnenden zahlreichen ac-Flächenbildungen übernommen als auch von den beiden Scharen der 0kl-Flächen, die einen Scherflächenwinkel von 90° einschließen. Bringt man diese Beobachtungen mit der Tatsache in Beziehung, daß nur etwa 300 m nördlich der untersuchten Aufschlüsse der Gelsenkirchner Wechsel ansetzt, so zeigt sich auch in dem besprochenen Gefügebild die gleiche Erscheinung, wie sie bereits für das Hangende des Bertlicher Blattes und des Westerholter Schachtwechsels beschrieben wurde (vgl. Abb. 13 und 26), daß nämlich Bereiche im weiteren Vorfeld von Störungen auf Grund der sich dort bereits bemerkbar machenden intensiveren Formung auf diese mit ac-Flächen- und 0kl-Flächenbildung reagieren. Daß ac- und 0kl-Flächen auch im vorliegenden Fall mit fortschreitender Formung nach weitgehender Auffaltung der Schichten eine Dehnung des Gebirgskörpers in Richtung der Deformationsachse durch Bruchbildung und Zerscherung herbeigeführt haben, zeigt sich deutlich daran, daß sich an vielen 0kl-Flächen abschiebende Bewegungen sowie Flächenöffnungen beobachten ließen. bc-Flächen, die auf eine abschließende Dehnung des verformten Gebirgskörpers nach Abbau der einengenden Beanspruchung in Richtung der a-Achse hindeuten könnten, sind kaum zu beobachten. Eine Materialentlastung wird im vorliegenden Fall vielmehr, wie bereits erwähnt, von einer Reihe von dem Faltengefüge zuzuordnenden h0l-Flächen übernommen.

Ein besonderes Charakteristikum dieses Untersuchungsbereiches stellt jedoch das dem Faltengefüge zuzuordnende und nach seiner a-Achse orientierte h0l/hk0-Gürtelgefüge dar, das in der steilen Lagerung bei fast seiger einfallenden Schichten zum ersten Mal als das beherrschende tektonische Gefügeelement hervortritt, während ein derartiges Gürtelgefüge im Kern des Scholvener Spezialsattels (vgl. Abb. 16) nur andeutungsweise beobachtet werden konnte. Durch seine eindeutige Zuordnung zum Faltengefüge und nicht zum Schichtflächengefüge kommt klar zum Ausdruck, daß seine Trennflächen, von Meter bis Millimetergröße hinunter, die keinerlei Verstellungen erkennen lassen, erst nach Abschluß der Faltungsvorgänge gebildet worden sein können, zu einem Zeitpunkt, als das Gebirge bereits weitgehend konsolidiert war. Durch diese Konsolidierung erreichten Auflagerungsdruck in »c« und Seitendruck in »b« eine gemeinsame Größenordnung, so daß eine weitere pressende Beanspruchung in »a« für das Gestein eine achsiale Druckbelastung darstellte, auf welche es durch entsprechende zyklisch angeordnete Einengungsbewegungen, wie es die Störungsbewegungen an einer Reihe von Gürtelflächen deutlich nachweisen, reagierte. Die Ausbildung derartiger Gürtelgefüge scheint für die Kohlenflöze des Ruhrkarbons in Bereichen mit intensiver Formung unter gleichzeitig starken Schichtverbiegungen charakteristisch zu sein.

Daß die besprochene Gefügeregelung, die für das Untersuchungsgebiet als kennzeichnend herausgearbeitet wurde, nicht auf einem Zufall beruht und durch eine in der hohen Datenzahl der Bearbeitung begründete Überlagerung von zahlreichen differierenden Teilgefügen zustande kommt, sondern auch für jeden einzelnen Teilbereich Geltung hat, wird deutlich, wenn man ein ebenfalls elektronisch ausgezähltes Gefügediagramm betrachtet, zu dessen Erstellung nur die gewichteten Trennflächendaten der zehn Strebaufnahmen aus Flöz Präsident zwischen der 7. Sohle und dem Mittelort (vgl. Abb. 23) herangezogen wurden (Abb. 35).

Um bei der Erstellung derartiger Diagramme aber auch jede menschliche Unzulänglichkeit auszuschalten, die bei der Auszeichnung der Linien gleicher Besetzungsdichte leicht zu Zeichenfehlern führen kann, da diese Linien von der elektronischen Rechenmaschine zunächst nur als eine Folge von Rechts- und Hochwerten ausgegeben wurden, wurde ebenfalls in Zusammenarbeit mit F. Krückeberg und dem Institut für Instrumentelle Mathematik in Bonn eine Methode entwickelt, um auch die Kurven gleicher Besetzungsdichte sofort maschinell auszuzeichnen. Vergleicht man die Handauszeichnung dieser Kurven gleicher Besetzungsdichte von Abb. 25, mit ihrer ersten maschinellen Auszeichnung auf Abbildung 26, die nur noch von Hand von der farbigen Maschinenzeichnung in eine entsprechende, reproduzierbare Schwarzweiß-Signierung umgesetzt wurde, so zeigt sich, daß beide Auszeichnungen als weitgehend identisch angesehen werden können.

Jedoch geht die Maschinenzeichnung noch einen Schritt weiter als die Handauszeichnung, da bei ihr sogar noch die bei der Handauszeichnung von Koordinatenpunkt zu Koordinatenpunkt gradlinig geführten Kurven in entsprechender Weise ausgeglichen werden.

Um nun aufbauend auf diesen Grundlagen mit Hilfe einer »kartierenden Tektonik« (vgl. R. E. Adler, 1965b) speziellen Formungserscheinungen nachgehen zu können, soll das abgeleitete tektonische Bild noch einmal an einem Beispiel weiter zergliedert werden. Hierfür wurde die erste Strebaufnahme von Flöz Präsident ausgewählt, da diese in einem Aufhauen am absolut frischen Kohlenstoß durchgeführt werden konnte, so daß jede sekundäre Beeinflussung des tektonischen Inventars des Aufnahmebereiches durch Abbaueinwirkung oder Entspannungsrißbildung mit Sicherheit ausgeschaltet werden kann (vgl. Abb. 23, fett ausgezogene Streblinie der Aufnahme vom 15. 1. 1962).

Wie zunächst das Gefügediagramm aller Trennflächendaten dieser Strebaufnahme zeigt (Abb. 27), ordnet sich auch dieser kleine Aufnahmebereich wiederum dem allgemeinen Formungsplan ein. Jedoch machen sich zwei Trennflächenmaxima besonders auffallend bemerkbar, einmal ein Maximum des nördlichen Gürtelgefüges mit den Daten 40/40 SE, und zum anderen ein Maximum mit den Daten 30/20 NW. Außerdem zeigt sich bei einigen Maxima eine bisher nicht beobachtete Streckung, die parallel zum ac-Flächenkreis gerichtet ist. Eine Erklärung für die Orientierung der beiden besonders stark ausgeprägten Maxima gibt zunächst Abb. 28, die alle in Flöz Präsident gemessenen Störungsflächen unter Berücksichtigung ihrer Flächengewichte vereinigt. Aus dieser Abbildung sowie aus den Abb. 29 und 31 wird deutlich, daß das dem Gürtelgefüge zugehörende Maximum (40/40 SE) durch eine Anzahl von Abschiebungen repräsentiert wird, die sich aus stärker gewichteten Flächen zusammensetzt und die Funktion des

Gürtelgefüges bestätigt. Das zweite Maximum (30/20 NW) läßt dagegen keine Störungen erkennen. Wie ein Vergleich mit Abb. 31 zeigt, wird es von einer Reihe größerer Trennflächen aufgebaut, die nur an zwei Stellen bei dieser Strebaufnahme beobachtet werden konnten. Sie gehen auf die spezielle Formung im Einflußbereich von zwei kleinen, dem Gürtelgefüge zugehörenden Abschiebungen zurück und sind als antithetische Bildungen zu diesen Störungen aufzufassen.

Einige wenige 83/70 NW orientierte Störungen, die auf den Abb. 28 und 29 im Störungsgefüge besonders hervortreten und sowohl aufschiebenden als auch abschiebenden Charakter zeigen, müssen wahrscheinlich, wie aus Abb. 30 hervorgeht, als während der Faltung gebildete und mit der Schichtaufrichtung verstellte h0l-Flächen angesprochen werden, die in die gegen Ende der Formung ablaufenden einengenden sowie in die anschließenden dehnenden Ausgleichsbewegungen mit einbezogen wurden.

Eine Erklärung für die zu beobachtende schwache, angedeutete Streckung einzelner Maxima in Richtung des ac-Flächenkreises gibt ebenfalls Abb. 30, in welcher sämtliche aus den Aufnahmen von Flöz Dickebank und Flöz Sonnenschein abzuleitenden Maxima der tektonischen Trennflächen zusammengestellt wurden. Wie aus den auf Abb. 30 eingetragenen Signierungen hervorgeht, muß angenommen werden, daß auch während der Formung durch Schichtauffaltung eine Reihe von Trennflächen in hk0-, 0kl- sowie h0l-Lage gebildet wurden, die nicht als Scherflächen zu Ausgleichsbewegungen herangezogen, sondern passiv als Scherklüfte mit der weiteren Schichtauffaltung verstellt wurden. Da sich während der Schichtauffaltung die Formungsintensität mehrfach veränderte, änderte sich auch der Scherflächenwinkel, unter welchem die einzelnen Gleitbrüche aufrissen. Das kommt besonders deutlich in der Orientierung der einzelnen rotierten hk0-Flächenmaxima zum Ausdruck.

Polpunktdiagramme, in denen alle Trennflächen durch ihr Gewicht und gegebenenfalls auch durch ihren Störungscharakter und ihren Öffnungsgrad gekennzeichnet dargestellt wurden, geben einen Einblick in die spezielle Aufgliederung der Trennflächen aus der besprochenen Strebaufnahme (vgl. Tab. 1 und Abb. 31 sowie R. E. Adler, 1965b). Wie aus Abb. 31 hervorgeht, wird das Gros aller Trennflächen mit 48% von den kleinsten Flächen, die nicht größer als 1 dm^2 sind, gebildet. 34% aller Trennflächen sind nicht größer als 25 dm^2. 14% der Trennflächen zeigen eine Größe zwischen 25 und 100 dm^2. Nur 3% aller Trennflächen sind größer als 100 dm^2 und nur 1% der Trennflächen sind wirklich große Flächen, die eine Fläche von mehr als 25 m^2 aufweisen.

5% aller Flächen waren zur Zeit der Aufnahme geöffnet. Setzt man die Flächenöffnung in Beziehung zur Flächengröße, so zeigt sich, daß gerade die relativ großen Flächen besonders häufig geöffnet sind. So waren z. B. von den 65 Flächen mit dem Gewicht »c« 11 Flächen oder 17% geöffnet.

Setzt man weiter den Störungscharakter der Störungsflächen zu ihrer Größe in Beziehung, so läßt sich feststellen, daß keine der Flächen mit dem Gewicht »a« als Störung anzusprechen war. Unter den Trennflächen mit dem Gewicht »b« konnten nur zwei Störungen festgestellt werden, unter den Trennflächen mit dem Gewicht »c« konnten dagegen acht und unter den Trennflächen mit dem Gewicht »d« drei Störungen nachgewiesen werden. Keine dieser Störungen zeigte jedoch eine Öffnung.

Verfolgt man die Gefügeregelung der Trennflächen in Abhängigkeit von der Flächengröße, läßt sich für den ausgewählten Aufnahmestreb nachweisen, daß die Flächen mit dem Gewicht »a« bevorzugt als ac-Flächen, 0kl-Flächen und h0l-Flächen auftreten. Im Gürtelgefüge sind sie dagegen kaum zu beobachten. Flächen mit dem Gewicht »b« sind demgegenüber in allen Flächenpolhäufungen anzutreffen. Flächen mit dem Gewicht »c« finden sich in 0kl-Stellung und sind bevorzugt am Aufbau des Gürtelgefüges beteiligt. Als Störungen zeigen sie in hk0-Lage seitenverschiebenden, im Gürtelgefüge abschiebenden Charakter. Flächen mit den Gewichten »d« und »e« gehören, bis auf eine Ausnahme in rotierter 0kl-Lage, dem Gürtelgefüge an und sind dort sowohl Träger von aufschiebenden als auch von abschiebenden Bewegungen. Die geöffneten Flächen sind zumeist als h0l-Flächen anzusprechen. Die meisten von ihnen gehören dem Gürtelgefüge als nach Norden einfallende Flächen an. Nur wenige Flächen treten in 0kl-Stellung auf, zeigen dann aber zumeist durch ihre Raumlage an, daß sie mit der Schichtauffaltung mehr oder weniger stark rotiert wurden.

Diese in einigen wenigen Grundzügen durchgeführte Flächenaufgliederung läßt sich nur im Sinne einer kartierenden Tektonik räumlich genauer verfolgen. Dazu wurden für jeden Aufnahmepunkt der Strebaufnahme eigene Polpunktdiagramme gezeichnet. Aus einem kritischen Vergleich ihrer einzelnen Gefügebilder miteinander ergibt sich, daß bereits die Trennflächen eines Aufnahmepunktes die tektonische Formung des Homogenbereiches in großen Zügen widerspiegeln. Jedoch lassen sich aus der Gefügeregelung an einer einzelnen Meßstelle noch keine umfassenden Aussagen über das Gesamtgefüge ableiten, wenn auch manche Aufnahmepunkte schon recht weitgehende Aussagen erlauben.

Da aber das Gefügebild jedes Aufnahmepunktes für diesen charakteristisch ist, erlaubt es, eine Ausdeutung in der vorher beschriebenen Weise vorzunehmen. Diese kann, wenn sie entsprechend ausgebaut wird, eine ganze Reihe von abgeleiteten Daten vermitteln, die dann von Aufnahmepunkt zu Aufnahmepunkt in ihren Variationen verfolgt werden und zu weiteren Angaben in Beziehung gesetzt werden können. So ist z. B. das Maximum der südwestfallenden hk0-Flächen am ersten Aufnahmepunkt durch eine Reihe von Flächen mit den Gewichten »a« und »b« vertreten. Am folgenden Aufnahmepunkt wird die Flächenzahl dieses Maximums geringer, das Flächengewicht dagegen größer. Am nächsten Aufnahmepunkt wird es nur noch durch eine einzelne Fläche mit dem Gewicht »c« repräsentiert, um danach gänzlich zu fehlen. Am nächsten Aufnahmepunkt macht es sich dann wieder durch eine geöffnete Fläche mit dem Gewicht »c« bemerkbar, um anschließend besonders stark durch eine größere Zahl von Flächen mit höherem Gewicht vertreten zu sein. Allein aus diesen wenigen, willkürlich herausgegriffenen Beobachtungen lassen sich schon eine Reihe von Kurven aufstellen, die bei entsprechender Auswertung ganz neue Aussagen über die tektonische Formung in Beziehung zum Formungsraum gestatten.

5. Ergebnisse

Faßt man die Ergebnisse aller diskutierten Einzelbeobachtungen noch einmal zusammen, so lassen sich einige charakteristische Grundzüge für die tektonische Formung der Kohle des Ruhrkarbons herausarbeiten, die sich gut in das von A. Pilger (1965) entwickelte Schema über die »Beziehung der tektonischen Trennflächen zur Deformationsphase« eingliedern lassen. Wie gezeigt werden konnte, sind Formungsintensität und Formänderungsgeschwindigkeit unter gleichzeitiger Berücksichtigung der Größe des allseitigen Druckes, der in entscheidender Weise durch den Auflagerungsdruck beeinflußt wird, verantwortlich für die Art der tektonischen Formung. So kann es in der »flachen Lagerung«, gleich ob diese Lagerungsform einheitlich große Gebiete überdeckt oder nur den Kernbereich größerer Falteneinheiten kennzeichnet, bei großer Formänderungsgeschwindigkeit, die aus einer großen Formungsintensität resultiert, und relativ geringem Auflagerungsdruck bereits im Frühstadium der Formung zur

Ausbildung von ac-Flächen kommen, während eine geringe Formänderungsgeschwindigkeit und ein relativ hoher Auflagerungsdruck die Bildung von hk0-Flächen bedingen. Durch diese Flächenbildungen ist die Grundlage für jede Weiterentwicklung einer Gefügeprägung gelegt.

Eine größere Formungsintensität führt bei annähernd gleich bleibender, geringer Formänderungsgeschwindigkeit im Fortgang der tektonischen Formung zur Ausbildung weiterer hk0-Flächenscharen und endlich auch zur Ausprägung von ac-Flächen. Werden diese Vorgänge von Faltungserscheinungen gefolgt, ordnen sich alle Trennflächenbildungen dem Schichtflächengefüge zu. Aus diesem Grunde läßt sich nicht entscheiden, inwieweit sich Faltung und Trennflächenbildung miteinander verzahnen. Im Verlauf der Formung wird jedenfalls die einengende Pressung nach »a« durch Scherung an den hk0-Flächen mit Dehnung nach »b« weitgehend ausgeglichen, so daß kaum eine Bildung von h0l- oder 0kl-Flächen erfolgt, die die einengenden bzw. dehnenden Ausgleichsbewegungen des Gebirgskörpers mit übernehmen müßten. Eine mit dem Endstadium der Formung auftretende Entlastung des Gebirgskörpers kann jedoch eine Bildung von bc-Flächen zur Folge haben, die durch ihr Aufreißen eine Rückdehnung des durch Pressung zusammengestauchten Gebirges nach »a« ermöglichen. Außerdem können bc-Flächen auch noch im Schichtflächengefüge gebildet werden, wenn die an steileren Faltenflanken aufgerichteten Schichten eine Dehnung in Richtung des Sattel- bzw. Muldenkernes erfahren.

Anders verläuft die Formung im Bereich einer intensiveren Einengung, wo eine hohe Formänderungsgeschwindigkeit herrscht. Der Bildung der ac-Flächen folgt schon bald eine h0l-Flächenbildung, die im Verein mit Faltungsvorgängen zur Einengung des Gebirgskörpers beiträgt. Da diese Einengung nach »a« immer eine Dehnung nach »b« im Gefolge hat, die gebildeten ac-Flächen und die zumeist nur ganz schwach ausgeprägten hk0-Flächen aber allein nicht als Träger der Dehnungsvorgänge ausreichen, tritt eine 0kl-Flächenbildung ein, die diese Zerscherung übernimmt. In vielen Fällen wird die Bildung dieser Trennflächen auch noch durch den in Faltenkernen wirkenden vertikalen Druck begünstigt, der bei einer steileren Schichtaufrichtung trotz anhaltenden einengenden Druckes in »a« zum beherrschenden, formenden Element werden kann. Hierbei kann es auch zur Ausbildung von Gürtelgefügen kommen, die um die c-Achse orientiert sind. Derartige Gürtelgefüge sind bevorzugt in Achsenkulminationszonen zu beobachten. Ist das Gebirge durch die Verformungsvorgänge bereits weitgehend konsolidiert, kann es bei weiterer einengender Beanspruchung zur Ausbildung von Gürtelgefügen nach »a« kommen, die die einengenden Bewegungen aufnehmen. Ein Abbau der Spannungen führt auch in Bereichen mit intensiverer tektonischer Formung zu einer Entlastung des Gebirgskörpers, die sich entweder ebenfalls in der Ausbildung von bc-Flächen kenntlich macht, oder aber, sofern genügend Flächen vorgebildet sind, abschiebende Bewegungen auf den vorher gebildeten h0l-Flächen sowie den Flächen des Gürtelgefüges, soweit sie in dafür günstiger Raumlage angeordnet sind, zur Folge hat.

Störungsgefüge der großen Aufschiebungen und schrägen Seitenverschiebungen, die ebenfalls eine große Formungsintensität verlangen, haben eigene Gefügebilder. Sie können sich sowohl aus einem hk0-Flächengefüge als auch aus einem ac-Flächengefüge entwickeln. Grundlegend gilt jedoch für die Gefügebilder von Störungsgefügen, daß sich die Störungen in größerer Entfernung bereits durch eine Überlagerung des Grundgefüges durch verstärkte ac- und 0kl-Flächenbildung bemerkbar machen. Mit Annäherung an die Störung treten im Gefügebild der jeweiligen Störung äquivalente Flächenbildungen auf, in unmittelbarer Nähe der Störung dann ihrer Raumlage parallele Bildungen. Ein Grundgefüge kann hier weitgehend unterdrückt sein. Abschiebende und seitenverschiebende Störungen können häufig das normale Schichtflächen- oder Faltengefüge verstellen. Kleinere Störungen üben dagegen kaum eine eigene formende Wirkung auf das jeweilige Grundgefüge aus. Sie lassen sich in diesem zumeist nur durch zusätzliche äquivalente oder parallele Flächenbildungen nachweisen. Alle diese Beobachtungen deuten darauf hin, daß Störungen im Kern von Beanspruchungszonen bereits im Frühstadium der Formung mit diesen Zonen angelegt werden, ihre entscheidenden Ausprägungen aber erst im weiteren Verlauf oder zum Teil sogar erst im Endstadium der Formung bei weitgehender Konsolidierung des Gebirges erhalten.

6. Ausblicke auf weitere Arbeiten

Nachdem es möglich war, einige weitere grundsätzliche Erkenntnisse im Hinblick auf die tektonische Formung abzuleiten, ergibt sich aus diesen auch zugleich ein Hinweis auf die weitere Untersuchungsarbeit. Zuerst muß der in der elektronischen Datenverarbeitung tektonischen Datenmaterials gemachte erste Schritt weiter ausgebaut und die maschinelle Erstellung statistischer Flächenhäufungen vervollkommnet werden. Da die bisherigen differenzierten Untersuchungen gezeigt haben, welche vielfältigen Angaben nicht nur tektonischer Art zur Charakterisierung eines tektonischen Gefügebildes beitragen können, muß die Zusammenstellung dieser Erkenntnisse (R. E. Adler, 1965b) die Grundlage für alle weiteren statistischen Erhebungen tektonischen Datenmaterials in statistisch repräsentativer Zahl und in entsprechender Differenzierung sein. Um diese statistische Erhebung ebenfalls möglichst rationell zu gestalten, müssen jedoch zunächst geeignete Formblätter geschaffen werden, die ein Festhalten der Aufnahmedaten mit Hilfe einfacher Signierungen erlauben. Außerdem müssen diese Formblätter so beschaffen sein, daß ihr Inhalt sofort auf entsprechend vorbereitete Lochkarten übertragen werden kann, die wieder eine weitgehend differenzierte elektronische Datenverarbeitung mit entsprechender Aufbereitung und Darstellung erlauben. Hierfür kann die bereits geschaffene elektronische Auswertemöglichkeit jedoch nur einen ersten Ausgangspunkt darstellen. Eingehende Spezialuntersuchungen müssen ergeben, in welcher Weise diese Aufgabe zu lösen ist.
Hand in Hand mit diesen Untersuchungen muß der Ausbau der »kartierenden Gefügetektonik« in Angriff genommen werden, muß untersucht werden, zunächst am Beispiel der Kohle, welche Charakteristika an den einzelnen Aufschlußpunkten jeweils für eine tektonische Deutung von Belang sind und welche Relationen sich zwischen ihnen aufstellen lassen und wie diese zunächst manuell, später dann auch elektronisch von Aufnahmepunkt zu Aufnahmepunkt weiterverfolgt werden können.
In einem weiteren Schritt wird es dann notwendig werden, sich von den Daten der Kohle zu lösen und anderes Material zunächst aus den gleichen Aufnahmebereichen in die Untersuchungen mit einzubeziehen, dann aber auch den Aufnahmeort und die tektonische Aufnahmesituation zu variieren.
So läßt sich mit wenigen Worten ein umfangreiches Programm umreißen. Inwieweit seine Durchführung möglich ist, muß die Zukunft erweisen. Sicher dürfte jedoch sein, daß es durch derartige Untersuchungen mit neuen Arbeitsmethoden möglich ist, weitere wesentliche Aufschlüsse über die Gesetzmäßigkeiten der tektonischen Formung zu erhalten. Welche Möglichkeiten sich hierbei eröffnen, nicht nur für die Wissenschaft, sondern auch für die Praxis, hat die systematische Untersuchung der steil stehenden Kohlenflöze auf der SE-Flanke der Essener Mulde bereits angedeutet.

7. Literaturverzeichnis

Adler, R. E., Über Klüfte und Kleinstörungen in ihrer Bedeutung für die Morphologie. – N. Jb. Geol. Paläontol., Mh., **1957**, S. 498–510, Stuttgart 1957.

–, Ein besonderer Fall von Achsenverspringen im nördlichen Ruhrkarbon. – Z. deutsch. geol. Ges., **111** (1959), S. 632–642, Hannover 1960.

–, Die Bedeutung der Schlechtentektonik für den praktischen Bergbau. – Bergvermessungstechn. Bl., **8** (1959), S. 55–85; **9** (1959), S. 98–115, Herne 1959.

–, Ein Beitrag zur Geologie des Vestischen Hauptsattels im nördlichen Ruhrkarbon. Zur Tektonik des Vestischen Hauptsattels I und II. – Clausthaler Tekt. H., Beih., **1** (1961), S. 1–155, Clausthal-Zellerfeld 1961.

–, M. Kirchmayer und A. Pilger, Klüfte und Schlechten im flözführenden Gebirge des Ruhrgebietes. Die geschichtliche Entwicklung der kleintektonischen Untersuchungen im Ruhrgebiet. – Bergb. Wiss., **11** (1964), S. 121–140, Goslar 1964.

–, Die tektonische Feldaufnahme im Hinblick auf eine statistische Datenverarbeitung mit Hilfe elektronischer Rechenanlagen. – Clausthaler geol. Abh., **1** (1965), Clausthal-Zellerfeld 1965.

Baumann, J., Zur Tektonik des Vestischen Hauptsattels IV. Ein Beitrag zur Tektonik des östlichen Teils des Vestischen Hauptsattels im nördlichen Ruhrkarbon. – Clausthaler Tekt. H., Beih., **3** (1961), S. 1–108, Clausthal-Zellerfeld 1961.

Bolsenkötter, H., Feintektonische Untersuchungen an Schlechten und Klüften in Steinkohleflözen des Ruhrgebietes. – Geol. Rdsch., **44** (1955), S. 443–472, Stuttgart 1955.

Brentrup, F.-K., Die Lage der Schlechten in einer Falte. – Z. deutsch. geol. Ges., **111** (1959), S. 144–167, Hannover 1959.

Breddin, H., Regionaldeformation, Spaltentektonik und bleizinkerzführende Mineralgänge im westdeutschen Grundgebirge. – Z. deutsch. geol. Ges., **110** (1958), S. 448, Hannover 1959.

–, Zur geometrischen Tektonik des altdevonischen Grundgebirges im Siegerland (Rheinisches Schiefergebirge). – Geol. Mitt., **2** (1962), S. 227–282, Aachen 1962.

–, Zur Geometrie asymmetrischer Falten. – Geol. Mitt., **3** (1963), S. 197–219, Aachen 1963.

–, Furtak, H., und E. Hellermann, Eine geometrische Erklärung für die flache Lage der Faltenachsenflächen und der Schiefrigkeit. – Geol. Mitt., **3** (1964), S. 253–274, Aachen 1964.

Cloos, H., Einführung in die Geologie. Ein Lehrbuch der inneren Dynamik. – Berlin: Verlag von Gebrüder Borntraeger 1936.

Engels, B., Über Faltung und Scherung im Bereich des »Frankenwälder Quersattels«. – Z. deutsch. geol. Ges., **104** (1952), S. 62–68, Hannover 1953.

Hertweck, G., und F. Krückeberg, Die statistische Auszählung von Gefügediagrammen durch elektronische Rechenanlagen. – Anz. Österreich. Akad. Wiss. math.-nat. Kl., **1962**, H. 9, S. 137ff., Wien 1962.

–, –, Die Behandlung von Gefügediagrammen durch elektronische Rechenanlagen. – N. Jb. Geol. Paläontol., Mh. **1963**, S. 86–98, Stuttgart 1963.

Hoeppener, R., Tektonik im Schiefergebirge. – Geol. Rdsch., **44** (1955), S. 26–58, Stuttgart 1955.

–, Zum Problem der Bruchbildung, Schieferung und Faltung. – Geol. Rdsch., **45** (1956), S. 247–283, Stuttgart 1956.

–, Grundlagen einer Systematik tektonischer Gefüge. – Geol. Rdsch., **50** (1961), S. 55–83, Stuttgart 1961.

–, Probleme der physikalischen Tektonik. Elastische Spannungen und Reibungsspannungen. – Z. deutsch. geol. Ges., **114** (1962), S. 206–227, Hannover 1963.

–, Zur physikalischen Tektonik. Darstellung der affinen Deformationen, der Spannungs- und der Beanspruchungszustände mit Hilfe der flächentreuen Kugelprojektion. – Felsmechanik u. Ingenieurgeol., **II** (1964), S. 22–44, Wien 1964.

Kirchmayer, M., Spiralenbahnen in Lagekugeldiagrammen bei klufttektonischen Untersuchungen. – N. Jb. Geol. Paläontol., Mh., H. **2** (1963), S. 67–70, Stuttgart 1963.

–, Die Tektonik listrischer Schlechten, ein Kennzeichen strebbruchgefährdeter Bergwerksbereiche. – Berg- u. Hüttenm. Mh., **108** (1963), H. 8, S. 283–293, Wien 1963.

KRAUSSE, H. F., Falten- und Scherungs-B-Achsen im Vestischen Hauptsattel des Ruhrkarbons, innerhalb des Dorstener Horstes und der westlich vorgelagerten Staffelscholle. – Clausthaler geol. Abh., **1** (1965), S. 123–127, Clausthal-Zellerfeld 1965.

–, Gefügeachsen im westlichen Teil des Vestischen Hauptsattels (nördliches Ruhrgebiet) und ihre Beziehung zu den übrigen tektonischen Elementen. – Clausthaler geol. Abh., **2** (1965), S. 1–114, Clausthal-Zellerfeld 1965.

KRÖGER, O., Die Kluft- und Schlechtentektonik im flach gelagerten Steinkohlengebirge am Niederrhein (Zeche Friedrich Heinrich). – Clausthaler Tekt. H., Beih., **5** (1964), S. 1–57, Clausthal-Zellerfeld 1964.

MÜLLER, L., Der Felsbau. Bd. I: Theoretischer Teil, Felsbau über Tage, 1. Teil. – Stuttgart: Ferdinand Enke Verlag 1963.

PAFFRATH, A., Zur Tektonik des Vestischen Hauptsattels III. Kleintektonische Probleme im Auguste-Victoria-Sattel des nördlichen Ruhrkarbons. – Clausthaler Tekt. H., Beih., **2** (1961), S. 1–74, Clausthal-Zellerfeld 1961.

PILGER, A., Klüfte und Schlechten im Ruhrkarbon und ihre Darstellung im Kleinriß. – Geol. Rdsch., **39** (1951), S. 136–139, Stuttgart 1951.

–, Eine Spezialaufnahme von Klüften in einem Flöz des Ruhrgebietes. – Geol. Jb., **66** (1951), S. 119–140, Hannover 1951.

–, Die tektonischen Richtungen des Ruhrkarbons und ihre Beziehungen zur Faltung. – Z. deutsch. geol. Ges., **107** (1955), S. 206–230, Hannover 1956.

–, Die Anwendung moderner tektonischer Methoden besonders der Gefügekunde an Erzgängen des Ruhrgebietes. – Z. Erzbergbau u. Metallhüttenwes., **8** (1955), H. 5, S. 223–236, Stuttgart 1955.

–, Der tektonische Bau des Ruhrkarbons. – Bergb. Rdsch., **8** (1956), H. 8, 8 S., Bochum 1956.

RAMBOW, D., Zur Tektonik des Vestischen Hauptsattels V. Kleintektonische Untersuchungen im Vestischen Hauptsattel. Ein Beitrag zur Frage der Schlechten der Kohlenflöze des Ruhrkarbons. – Clausthaler Tekt. H., Beih., **4** (1961), S. 1–70, Clausthal-Zellerfeld 1961.

–, Scherflächen in steil stehenden Kohlenflözen. – Z. deutsch. geol. Ges., **114** (1962), S. 85–91, Hannover 1962.

RISCHMÜLLER, H.-W., Kleintektonik in der Kohle. Schlechten, Augen- und Pyramidenkohle, unter besonderer Berücksichtigung der tektonischen Verhältnisse im Wattenscheider Sattel. – Glückauf, **91** (1955), S. 929–939, Essen 1955.

SANDER, B., Einführung in die Gefügekunde der geologischen Körper. Teil I: Allgemeine Gefügekunde und Arbeiten im Bereich Handstück bis Profil (1948), Teil II: Die Korngefüge (1950). – Wien und Innsbruck: Springerverlag 1948 und 1950.

TEICHMÜLLER, R., Die Entwicklung der subvariscischen Vortiefe und der Werdegang des Ruhrkarbons. – Z. deutsch. geol. Ges., **107** (1955), S. 55–65, Hannover 1956.

WUNDERLICH, H. G., Brüche und Gräben im tektonischen Experiment. – N. Jb. Geol. Paläontol., Mh., **11** (1957), S. 477–498, Stuttgart 1957.

–, Planimetrische und volumetrische Einengung bei Faltungsvorgängen. – N. Jb. Geol. Paläontol., Mh., **4** (1959), S. 168–180, Stuttgart 1959.

–, Gesteinsdeformation im Einflußbereich von Falten mit geneigter Achsenebene. – Z. deutsch. geol. Ges., **111** (1959), S. 599–611, Hannover 1960.

–, Über Verformung kompetenter und inkompetenter Wechsellagerungen und den Zusammenhang von Faltung und Schieferung. – Z. deutsch. geol. Ges., **112** (1960), S. 132–149, Hannover 1960.

Abbildungsanhang

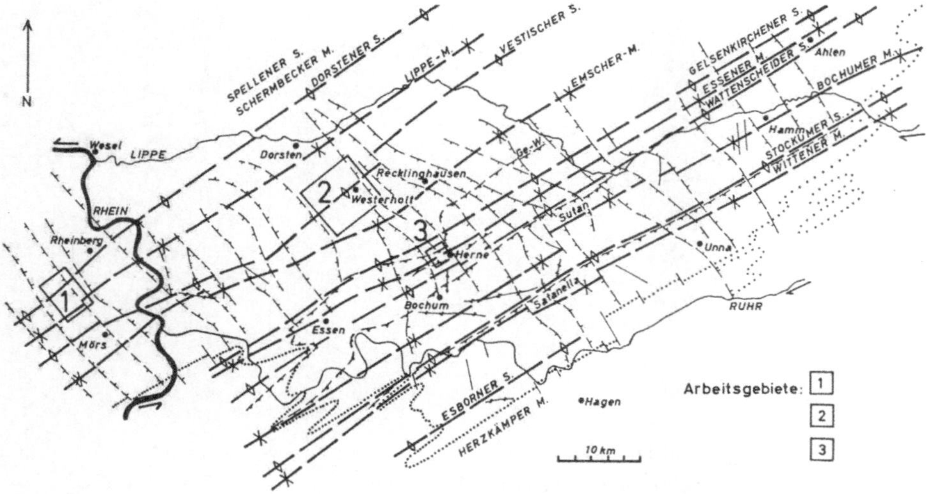

Abb. 1

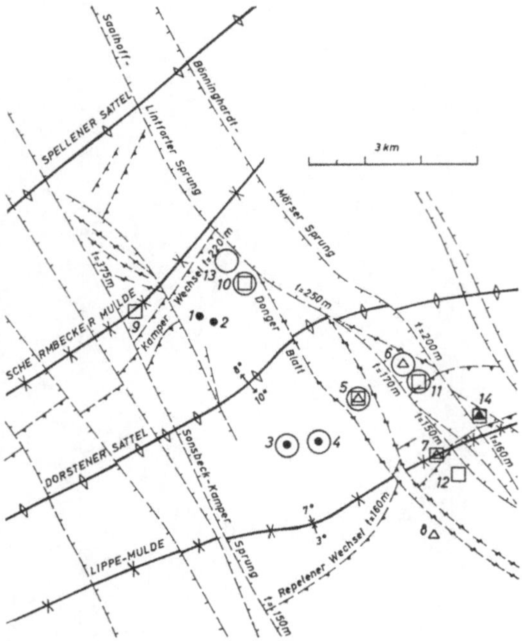

- 1374 bankrechte Schlechten, ungestörte Lagerung

△ 1216 bankrechte Schlechten, gestörte Lagerung

□ 520 bankschräge Schlechten

◯ 790 Klüfte

▲ 373 bankrechte und bankschräge Schlechten

R.A.65

Abb. 2

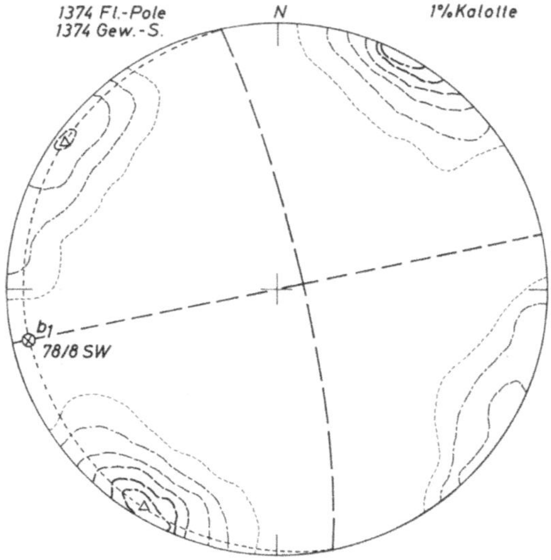

Abb. 3 Zeche Friedrich Heinrich
Bankrechte Schlechten, ungestörte Lagerung

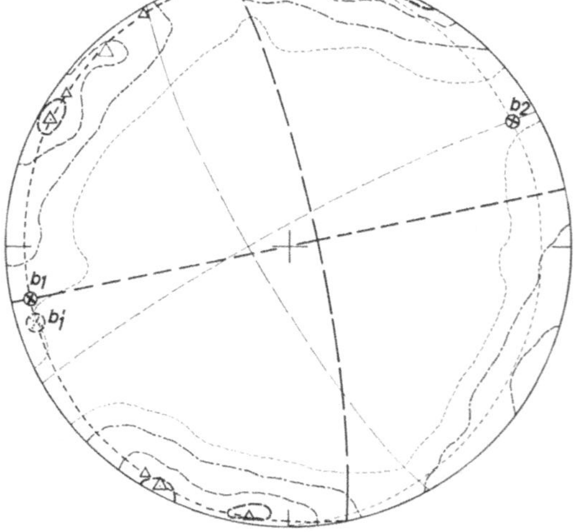

Abb. 4 Zeche Friedrich Heinrich
Bankrechte Schlechten, gestörte Lagerung

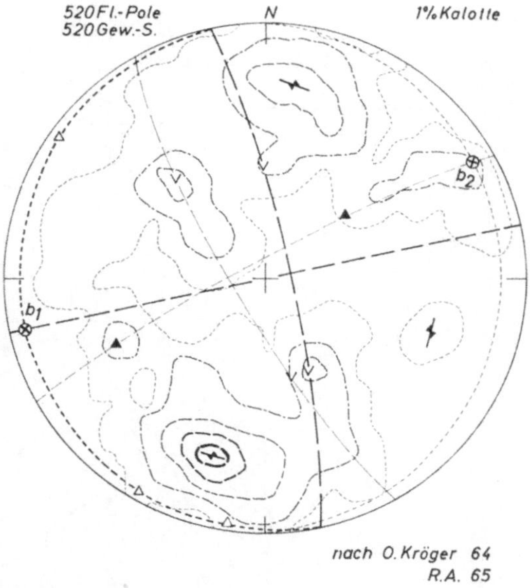

Abb. 5 Zeche Friedrich Heinrich
Bankschräge Schlechten

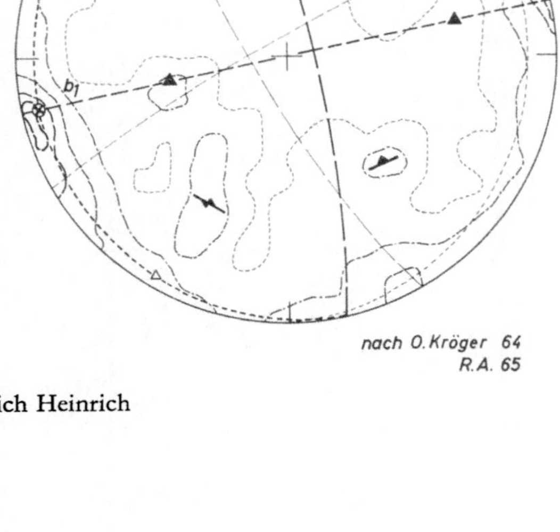

Abb. 6 Zeche Friedrich Heinrich
Klüfte

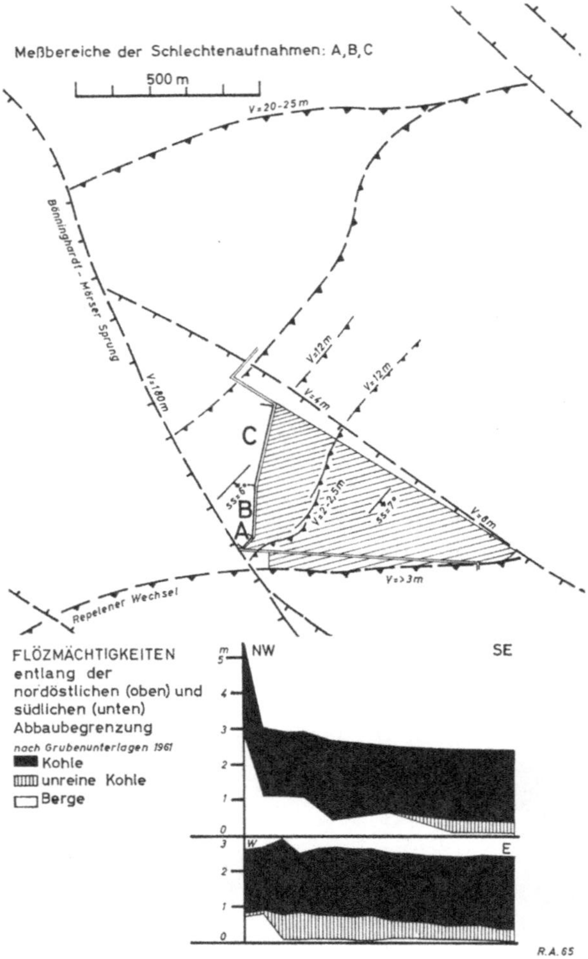

Abb. 7 Aufnahmebereich aus Flöz Anna am Niederrhein

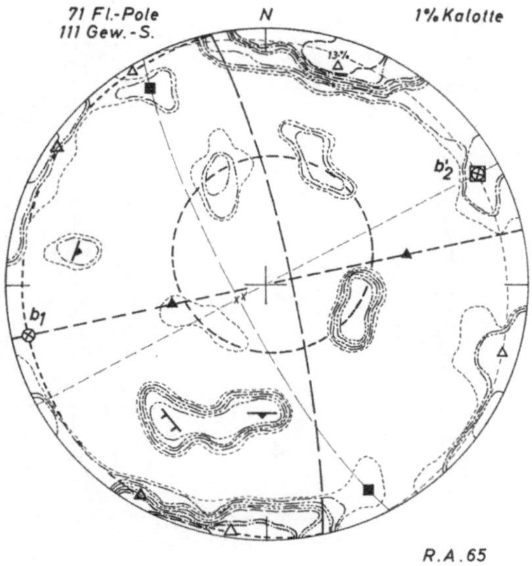

Abb. 8 Zeche Rheinpreußen, Flöz Anna
Schlechten A

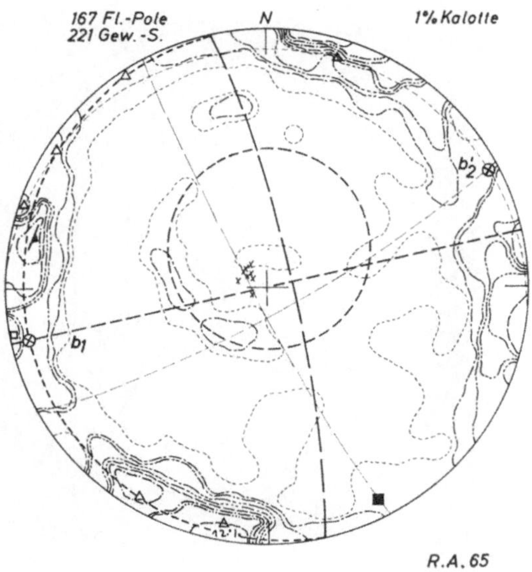

Abb. 9 Zeche Rheinpreußen, Flöz Anna
Schlechten B

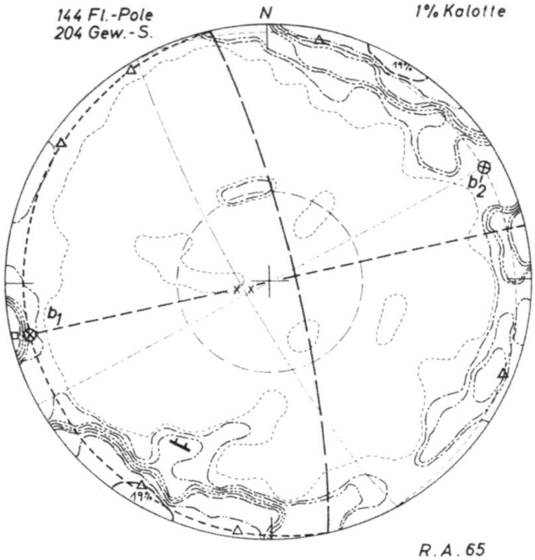

Abb. 10 Zeche Rheinpreußen, Flöz Anna
Schlechten C

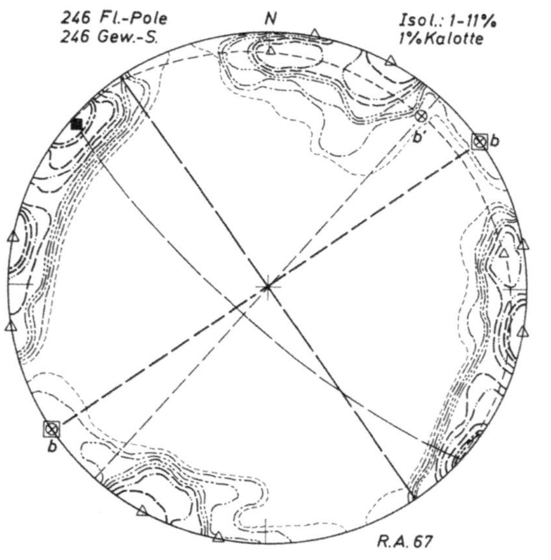

Abb. 11 Zeche Bergmannsglück
Stapel 421; Kohle

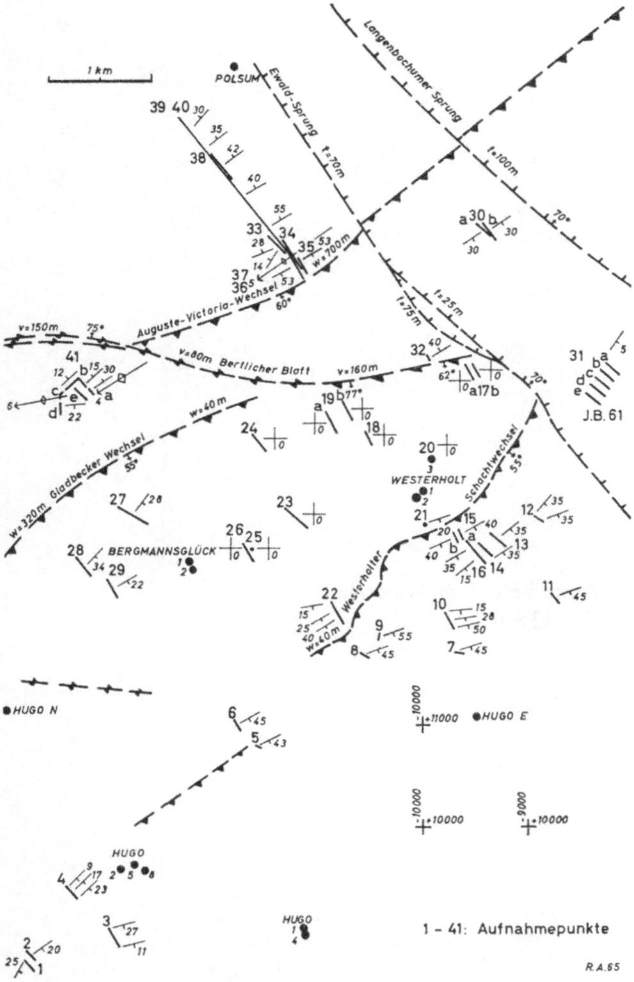

Abb. 12 Tektonische Übersichtskarte des Aufnahmegebietes im Vestischen Hauptsattel

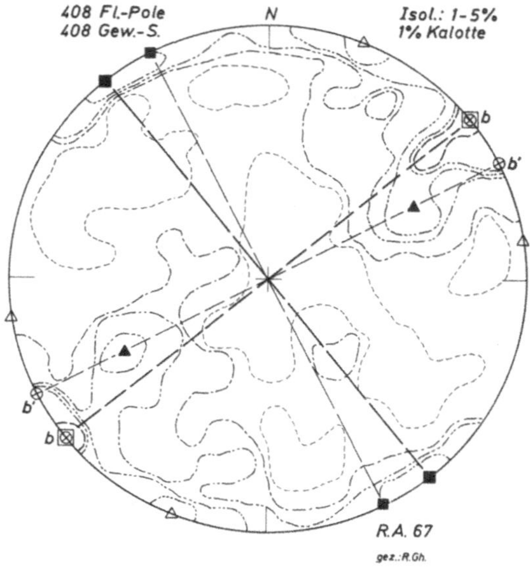

Abb. 13 Zeche Westerholt, Flöz Wasserfall
—10500 +13800

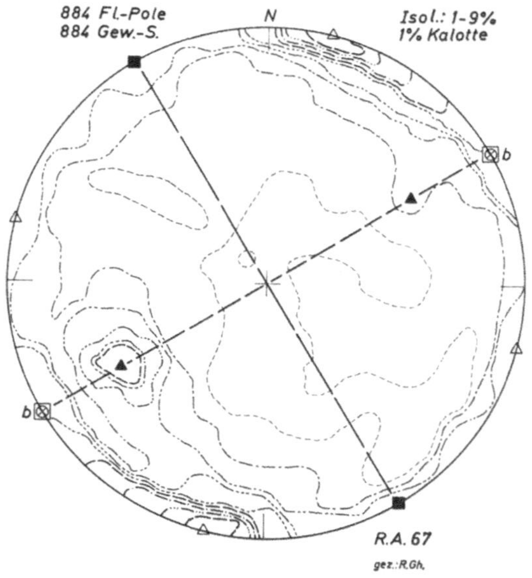

Abb. 14 Zeche Westerholt, Flöz Wasserfall
—10800 +14100

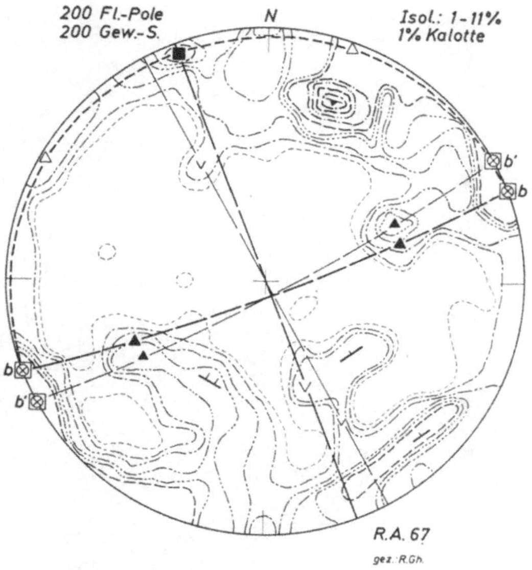

Abb. 15 Zeche Westerholt, Flöz Sonnenschein
—9500 +14500

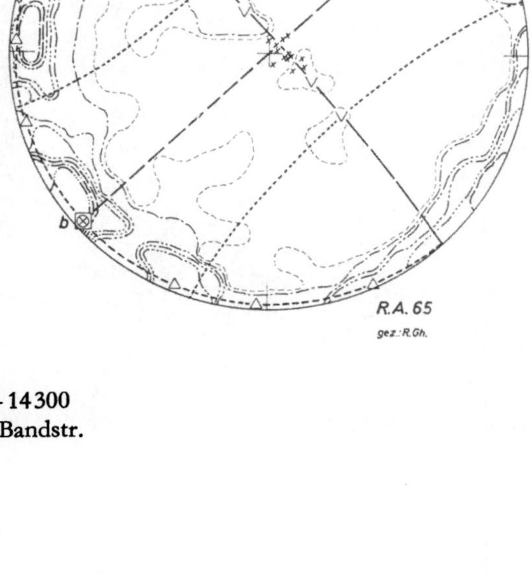

Abb. 16 Flöz Karl
—13100 +14300
140–280 m Bandstr.

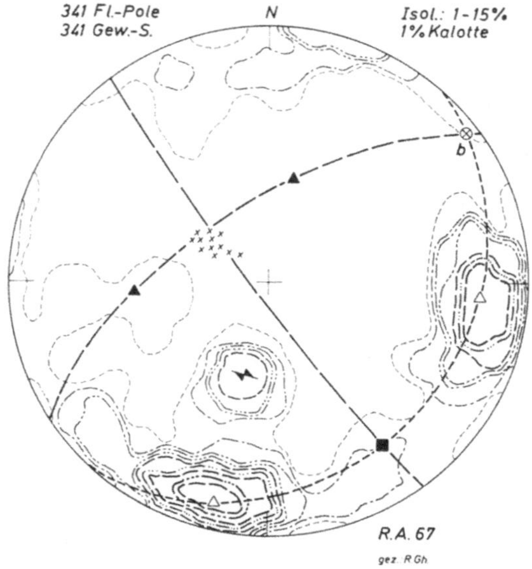

Abb. 17 Zeche Hugo, Flöz J_2, SW-45

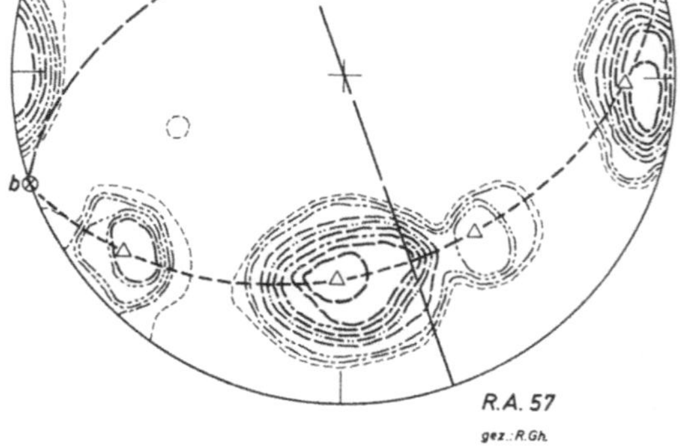

Abb. 18 Zeche Hugo, Flöz H_1, NO-27

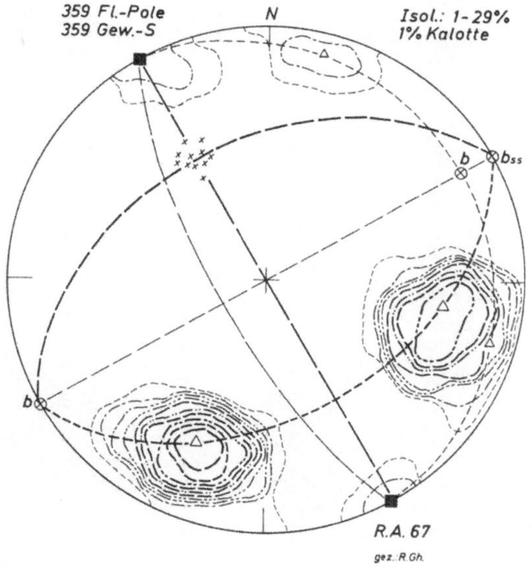

Abb. 19 Zeche Hugo, Flöz Zollverein 2, NO-43

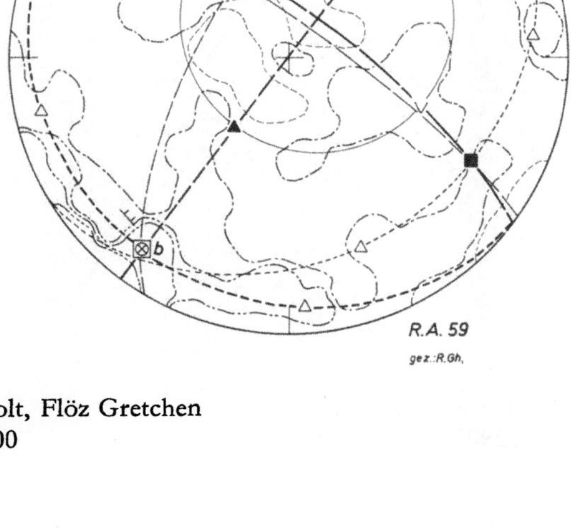

Abb. 20 Zeche Westerholt, Flöz Gretchen
—9300 +15800

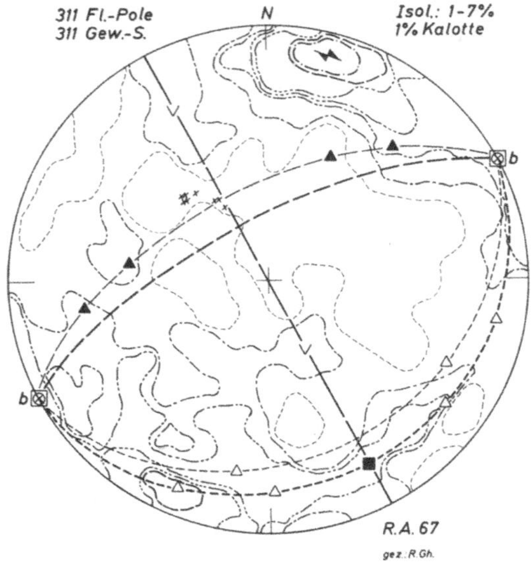

Abb. 21 Zeche Westerholt, Flöz Gretchen
—9400 +12700

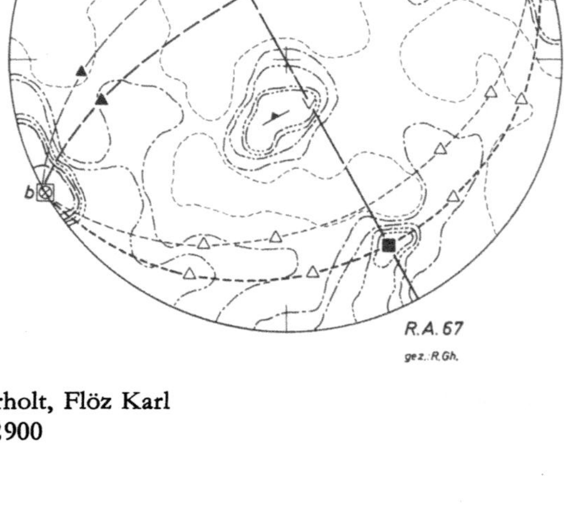

Abb. 22 Zeche Westerholt, Flöz Karl
—9800 +12900

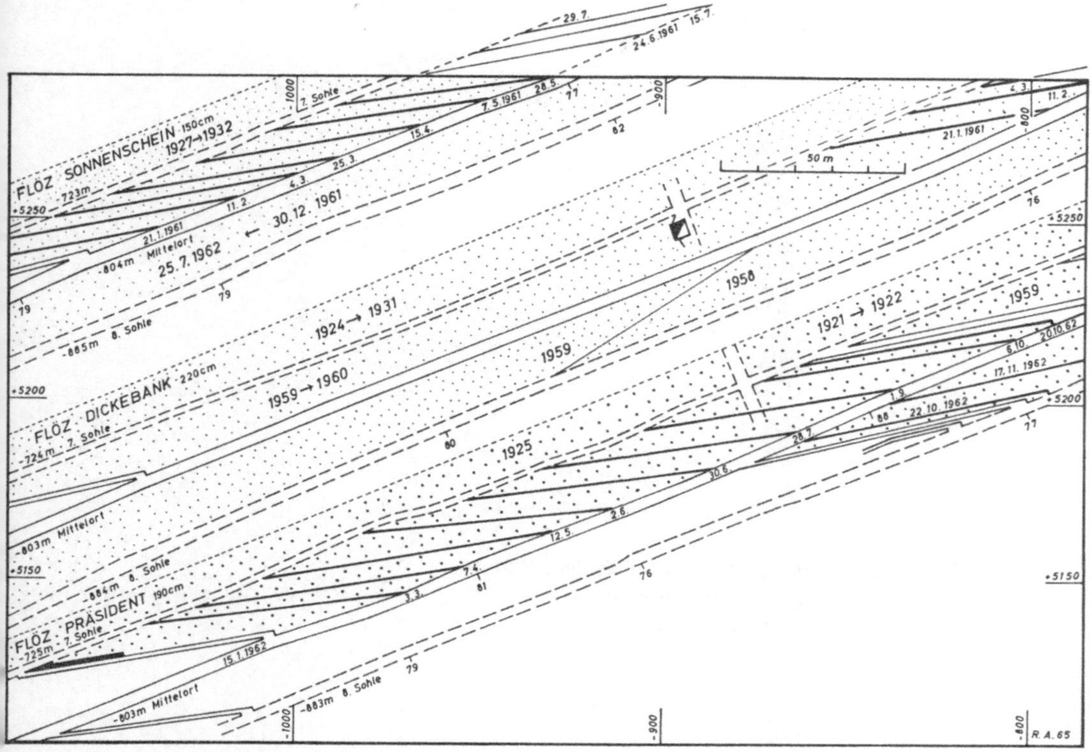

Abb. 23 Aufnahmebereich von Flöz Präsident auf der Schachtanlage Shamrock 1/2

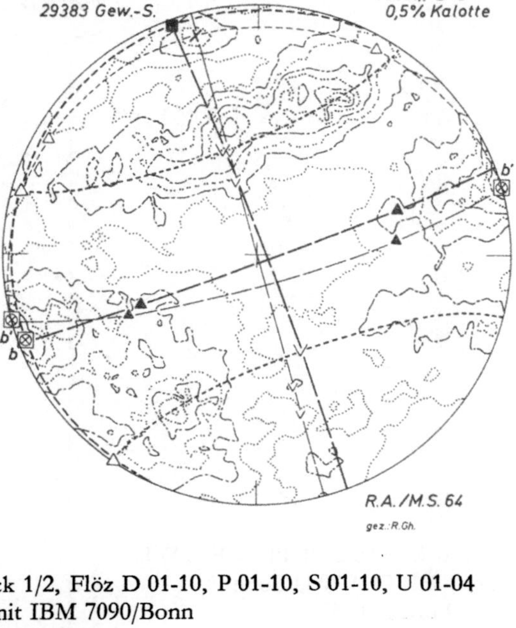

Abb. 24 Zeche Shamrock 1/2, Flöz D 01-10, P 01-10, S 01-10, U 01-04
Auswertung; mit IBM 7090/Bonn
Programm: Fortran/F. Kr.

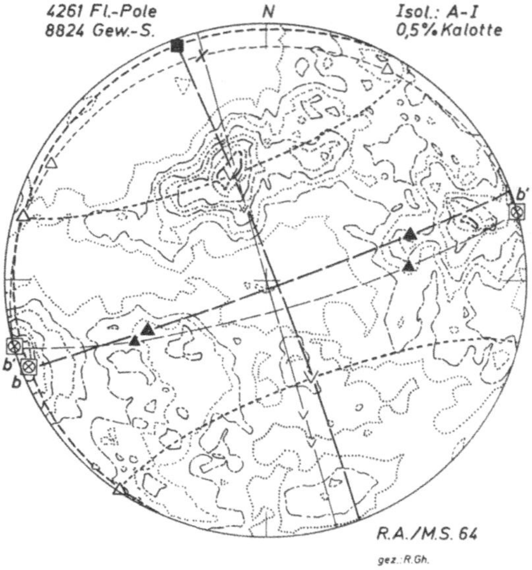

Abb. 25 Zeche Shamrock 1/2, Flöz Präsident P 01-10
Auswertung; mit IBM 7090/Bonn
Programm: Fortran/F. Kr.

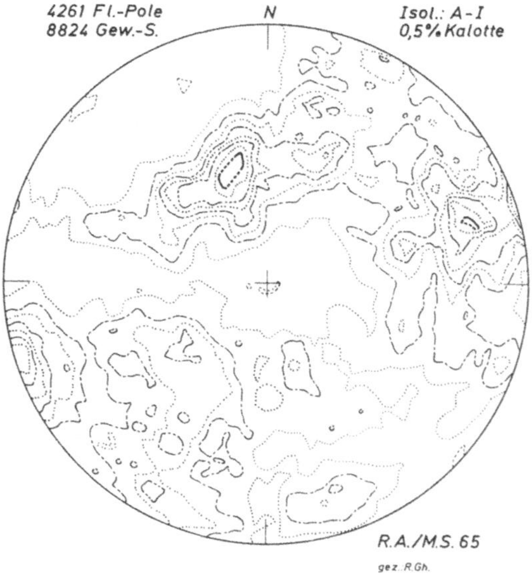

Abb. 26 Zeche Shamrock, Flöz P 01-10; A B C D E
Auswertung; mit IBM 7090/Bonn
Programm: Fortran/F. Kr.
Maschinenauszeichnung

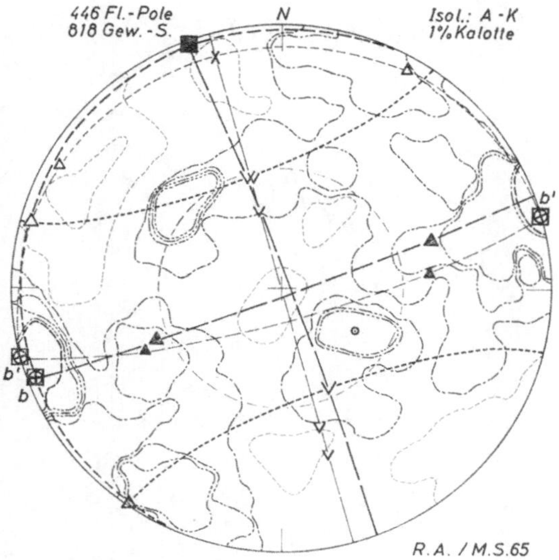

Abb. 27 Zeche Shamrock, Flöz P 01

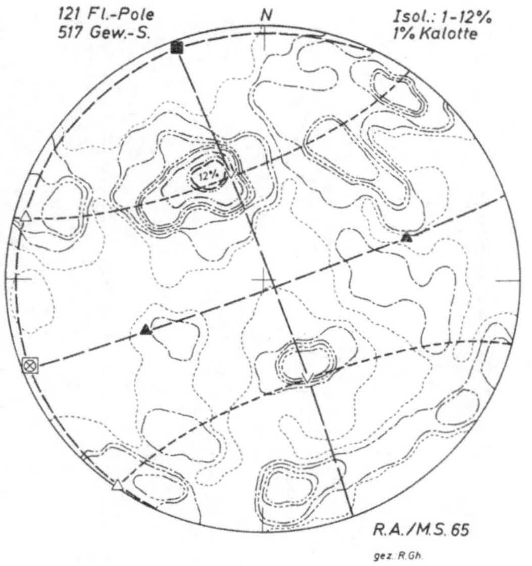

Abb. 28 Zeche Shamrock, Flöz P 01-10
Störungen

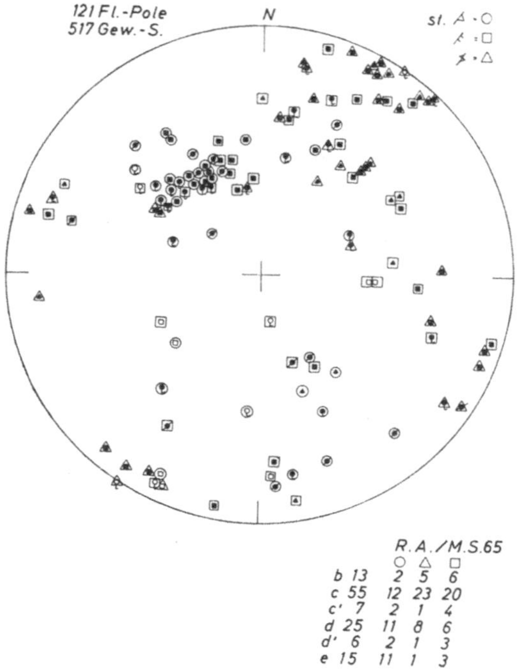

Abb. 29 Zeche Shamrock, Flöz P 01-10
Störungen

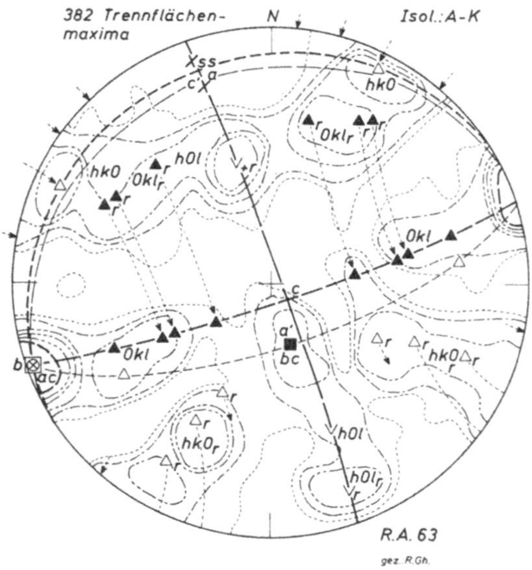

Abb. 30 Flöz D 01-10, S 01-10

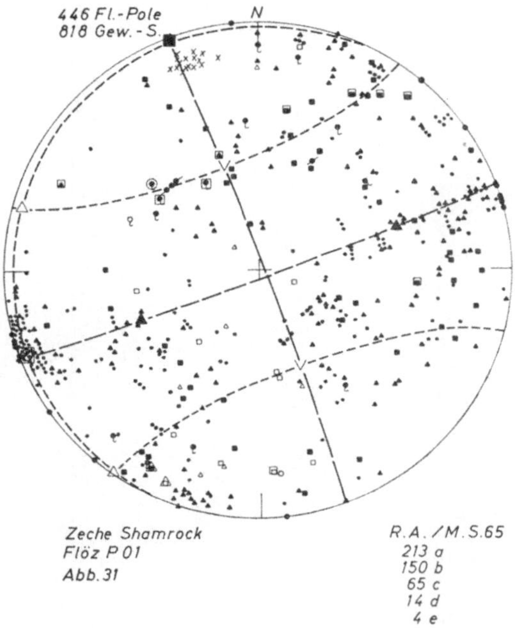

Abb. 31 Zeche Shamrock, Flöz P 01

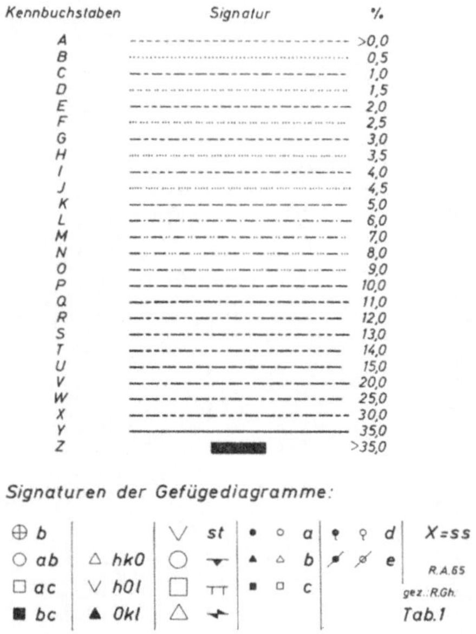

Tab. 1 Signaturen für die Darstellung von Linien gleicher Besetzungsdichte auf Gefügediagrammen

Forschungsberichte des Landes Nordrhein-Westfalen

Herausgegeben im Auftrage des Ministerpräsidenten Heinz Kühn
von Staatssekretär Professor Dr. h. c. Dr. E. h. Leo Brandt

Sachgruppenverzeichnis

Acetylen · Schweißtechnik
Acetylene · Welding gracitice
Acétylène · Technique du soudage
Acetileno · Técnica de la soldadura
Ацетилен и техника сварки

Arbeitswissenschaft
Labor science
Science du travail
Trabajo científico
Вопросы трудового процесса

Bau · Steine · Erden
Constructure · Construction material
Soil research
Construction · Matériaux de construction
Recherche souterraine
La construcción · Materiales de construcción
Reconocimiento del suelo
Строительство и строительные материалы

Bergbau
Mining
Exploitation des mines
Minería
Горное дело

Biologie
Biology
Biologie
Biologia
Биология

Chemie
Chemistry
Chimie
Quimica
Химия

Druck · Farbe · Papier · Photographie
Printing · Color · Paper · Photography
Imprimerie · Couleur · Papier · Photographie
Artes gráficas · Color · Papel · Fotografía
Типография · Краски · Бумага · Фотография

Eisenverarbeitende Industrie
Metal working industry
Industrie du fer
Industria del hierro
Металлообработывающая промышленность

Elektrotechnik · Optik
Electrotechnology · Optics
Electrotechnique · Optique
Electrotécnica · Optica
Электротехника и оптика

Energiewirtschaft
Power economy
Energie
Energía
Энергетическое хозяиство

Fahrzeugbau · Gasmotoren
Vehicle construction · Engines
Construction de véhicules · Moteurs
Construcción de vehículos · Motores
Производство транспортных · Средств

Fertigung
Fabrication
Fabrication
Fabricación
Производство

Funktechnik · Astronomie
Radio engineering · Astronomy
Radiotechnique Astronomie
Radiotécnica · Astronomía
Радиотехника и астрономия

Gaswirtschaft

Gas economy
Gaz
Gas
Газовое хозяиство

Holzbearbeitung

Wood working
Travail du bois
Trabajo de la madera
Деревообработка

Hüttenwesen · Werkstoffkunde

Metallurgy · Materials research
Métallurgie · Materiaux
Metalurgia · Materiales
Металлургия и материаловедение

Kunststoffe

Plastics
Plastiques
Plásticos
Пластмассы

Luftfahrt · Flugwissenschaft

Aeronautics · Aviation
Aéronautique · Aviation
Aeronáutica · Aviación
Авиация

Luftreinhaltung

Air-cleaning
Purification de l'air
Purificación del aire
Очищение воздуха

Maschinenbau

Machinery
Construction mécanique
Construcción de máquinas
Машиностроительство

Mathematik

Mathematics
Mathématiques
Mathemáticas
Математика

Medizin · Pharmakologie

Medicine · Pharmacology
Médecine · Pharmacologie
Medicina · Farmacología
Медицина и фармакология

NE-Metalle

Non-ferrous metal
Metal non ferreux
Metal no ferroso
Цветные металлы

Physik

Physics
Physique
Física
Физика

Rationalisierung

Rationalizing
Rationalisation
Racionalización
Рационализация

Schall · Ultraschall

Sound · Ultrasonics
Son · Ultra-son
Sonido · Ultrasónico
Звук и ультразвук

Schiffahrt

Navigation
Navigation
Navegación
Судоходство

Textilforschung

Textile research
Textiles
Téxtil
Вопросы текстильной промышленности

Turbinen

Turbines
Turbines
Turbinas
Турбины

Verkehr

Traffic
Trafic
Tráfico
Транспорт

Wirtschaftswissenschaften

Political economy
Economie politique
Ciencias económicas
Экономические науки

Einzelverzeichnis der Sachgruppen bitte anfordern

Westdeutscher Verlag · Köln und Opladen
567 Opladen/Rhld., Ophovener Straße 1–3, Postfach 1620

GPSR Compliance

The European Union's (EU) General Product Safety Regulation (GPSR) is a set of rules that requires consumer products to be safe and our obligations to ensure this.

If you have any concerns about our products, you can contact us on ProductSafety@springernature.com

In case Publisher is established outside the EU, the EU authorized representative is:

Springer Nature Customer Service Center GmbH
Europaplatz 3
69115 Heidelberg, Germany

Batch number: 10584556

Printed by Printforce, the Netherlands